Go语言
设计模式

廖显东 著

电子工业出版社
Publishing House of Electronics Industry
北京·BEIJING

内 容 简 介

本书聚焦于 Go 语言设计模式的知识与应用。全书共 6 章，分别为设计模式入门、创建型设计模式、结构型设计模式、行为型设计模式、设计模式扩展、设计模式与软件架构。本书简洁而不失技术深度，内容覆盖 Go 语言的主流设计模式和软件架构，以极简的文字介绍了复杂的案例，是学习 Go 语言设计模式和软件架构的实用教程。

本书适合初学编程的自学者、Go 语言高级开发人员、Go 语言架构师、Web 开发工程师、DevOps 运维人员学习和参考，也可以作为专科院校、相关培训学校的教材。

图书在版编目（CIP）数据

Go 语言设计模式 / 廖显东著. —北京：电子工业出版社，2023.2

ISBN 978-7-121-45006-8

Ⅰ. ①G… Ⅱ. ①廖… Ⅲ. ①程序语言－程序设计 Ⅳ. ①TP312

中国国家版本馆 CIP 数据核字（2023）第 022945 号

责任编辑：吴宏伟　　　　特约编辑：田学清
印　　刷：北京天宇星印刷厂
装　　订：北京天宇星印刷厂
出版发行：电子工业出版社
　　　　　北京市海淀区万寿路 173 信箱　　　邮编：100036
开　　本：720×1000　　1/16　　印张：19.5　　字数：406 千字
版　　次：2023 年 2 月第 1 版
印　　次：2023 年 2 月第 1 次印刷
定　　价：109.00 元

凡所购买电子工业出版社图书有缺损问题，请向购买书店调换。若书店售缺，请与本社发行部联系。联系及邮购电话：（010）88254888，88258888。

质量投诉请发邮件至 zlts@phei.com.cn，盗版侵权举报请发邮件至 dbqq@phei.com.cn。

本书咨询联系方式：（010）51260888-819，faq@phei.com.cn。

关知识进行了全面、深入的讲解。本书的特色如下。

- 一线技术，突出实战。本书以实战为核心，每个设计模式都有详细的实现方式和实战代码，所有代码都采用笔者写书时最新的 Go 语言版本（1.18）编写。

- 零基础入门，循序渐进。本书首先讲解设计模式入门，然后讲解设计模式的基本概念，再讲解 Go 语言设计模式的具体实现，最后讲解设计模式的项目实战，帮助初学者向 Go 语言设计模式和软件架构实战高手迈进。

- 丰富图示，更易理解。本书言简意赅，以帮助读者提升开发效率为导向。每个设计模式都有 UML 类图，通过丰富的图示，帮助读者缩短阅读本书的时间。

- 突出实战，快速突击。本书的实战代码大部分都来自最新的企业实战项目。对于购买本书的读者，配套的源代码可以在网上下载，下载即可运行，让读者通过实践加深理解。

- 实战方案可以二次开发，用于进行实战部署。本书以实战为主，所有的实战代码都可以直接运行。特别是第 6 章，购买本书的读者可以获得 Go 语言主流软件架构的全部源代码。

技术交流

假如读者在阅读本书的过程中有任何疑问，那么请关注"源码大数据"公众号，并且按照提示输入问题，笔者会第一时间与读者进行交流。

- 在关注"源码大数据"公众号后，输入"go design pattern"，即可获得本书源代码、学习资源、面试题库等。

- 在关注"源码大数据"公众号后，输入"更多源码"，即可获得大量学习资源，包括但不限于电子书、源代码、视频教程等。

由于笔者水平有限，难免有纰漏之处，欢迎读者通过"源码大数据"公众号或 QQ（823923263）批评指正。

致谢

感谢 Go 语言社区的所有贡献者，没有他们多年来的贡献，就没有 Go 语言社区的繁荣。谨以此书献给所有喜欢 Go 语言设计模式的朋友们。

感谢我的家人，特别是妻子。在我写作期间，妻子悉心做好幕后工作，并且坚定地支持我，使我有更多时间、更加专注而坚定地写作。

廖显东

2022 年 8 月

目 录
Contents

第 1 章

设计模式入门

1.1　设计模式介绍

1.1.1　初识设计模式

1. 什么是设计模式

软件设计模式（Software Design Pattern），又称为设计模式，是指在软件开发过程中，经过验证的，用于解决在特定环境中重复出现的特定问题的方案。

在 1994 年，Erich Gamma、Richard Helm、Ralph Johnson 和 John Vlissides 四人合著出版了 *Design Patterns - Elements of Reusable Object-Oriented Software*（《设计模式——可复用的面向对象软件元素》），该书首次提到了软件开发中设计模式的概念，该书提出总共有 23 种设计模式，这些设计模式可以分为三大类：创建型设计模式（Creational Patterns）、结构型设计模式（Structural Patterns）、行为型设计模式（Behavioral Patterns）。随着设计模式的不断发展，设计模式的种类有所增加，新增了空对象模式（Null Object Pattern）、规格模式（Specification）等。相关概念将在本书后续章节中进行详细讲解。

2. 为什么需要设计模式

设计模式可以根据以前的实践和经验记录要采用的解决方案。在设计模式的实现过程中，需要使用多个软件组件共同实现某些功能。因此，设计模式加快了涉及多个组件的开发过程。开发者可以在对应解决方案的具体应用中使用熟悉的编程语言。例如，如果某个开发者熟悉 Go 语言，那么这个开发者可以使用 Go 语言开发相应的组件。

使用设计模式可以提高开发速度。设计模式提供了经过验证的开发范例，有助于节省时间，而不必在每次出现问题时都重新创建设计模式。

因为设计模式是为了修复已知问题而创建的，所以设计模式可以在软件开发过程中对其进行预测。

使用设计模式可以提高开发者的思维能力、编程能力和设计能力。

设计模式使程序设计更加标准化、代码编制更加工程化，从而提高软件的开发效率，缩短软件的开发周期。

使用设计模式设计的代码可重用性高、可读性强、可靠性高、灵活性好、可维护性强。设计模式可以在多种情况下以具体方式使用，可以让系统在后期更容易维护和扩展。

1.1.2　怎样使用设计模式

在软件开发过程中，开发者通常会基于业务需求选择设计模式。在使用设计模式前，开发者需要明白"技术的目的是为业务服务，技术只是满足业务需要的一个工具"。如果开发者掌握了每种设计模式的应用场景、特征、优点、缺点，以及不同设计模式的关联关系，就可以很好地使用设计模式满足日常业务的需要。

1. 需求驱动

在使用设计模式进行软件开发时，应尽量按照特定的需求进行综合分析和权衡。需求驱动应综合考虑软件的可维护性、可复用性等因素：既要考虑开发效率，又要考虑后期维护的便利性和复杂性。此外，设计模式要根据具体项目进行评估，如果某个项目没有应用场景，则不一定需要使用设计模式。

2. 充分了解所使用的开发语言

设计模式在不同语言中的具体实现方式可能有所不同，要根据具体的开发语言进行实现。例如，与 Java 语言不同，Go 语言中没有继承，所以 Go 语言使用设计模式的具体实现方式与 Java 语言使用设计模式的具体实现方式不同。

3．在实战中领悟设计模式

学习编程的快速方法是进行实战，学习设计模式同样如此。在实战中领悟设计模式，多问问自己：为什么要这样使用设计模式？为什么要使用这个设计模式？一定要使用这个设计模式吗？

> ● 提示：
>
> 　掌握设计模式是水到渠成的事情，需要将理论和实战相结合，不断在实战中总结和领悟。

4．避免设计过度

设计模式解决的是软件设计不科学的问题，但是在实战开发过程中，容易出现设计过度的问题。在设计模式的实战开发过程中，核心原则是保持简洁。设计模式的目的是使软件的设计及维护更加简单，而不是更加复杂。

> ● 提示：
>
> 　学习设计模式，要理解其原理和应用场景，不应死记硬背，否则很容易因乱用导致软件架构更加混乱和复杂。

1.2　UML 基础知识

1.2.1　什么是 UML

1．UML 的定义

UML（Unified Modeling Language，统一建模语言）是一种标准的可视化建模语言，是业务分析师、软件架构师和开发者的通用语言，主要用于描述、指定、设计和记录现有的或新的业务流程、系统组件的结构和行为。

UML 不是编程语言，而是一种可视化建模语言。我们使用 UML 图描绘系统的行为和结构。UML 可以与主要的对象和软件组件开发方法一起使用，并且可以应用于各种软件开发平台。对象管理组（Object Management Group，OMG）于 1997 年将 UML 作为标准。从那时起，UML 一直由对象管理组管理。国际标准化组织

（International Organization for Standardization，ISO）于 2005 年将 UML 作为批准的标准。多年来，UML 一直在修订并定期进行审查。

2．UML 的组成部分

UML 由以下 3 部分组成。

- 事物（Things）：具有代表性的成分的抽象。
- 关系（Relationships）：用于表示元素之间的关联关系，并且这种关联关系描述了应用程序的功能。
- 图（Diagrams）：事物和关系的可视化表示。

3．UML 的分类

随着软件开发的不断发展，软件开发方法已经被纳入 UML 规范，原始 UML 规范的范围已经扩大。

UML 最初指定了 9 个图，目前，UML 2.x 将图的数量从 9 个增加到 14 个。UML 2.x 中添加了将系统分解为组件和子组件的功能。UML 图分为两种，分别是结构图和行为图。

- 结构图：用于描述系统的静态结构。
- 行为图：用于捕捉系统的动态行为。

UML 2.2 的图表层次结构如图 1-1 所示。

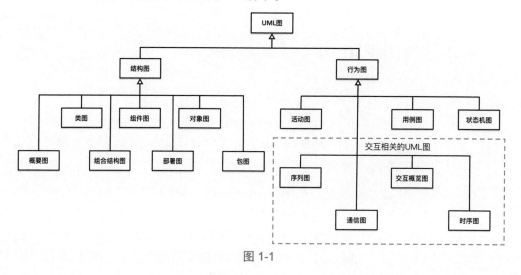

图 1-1

4．UML 中使用的面向对象概念

1）面向对象的概念

面向对象编程（Object-Oriented Programming，OOP）是一种计算机编程模型，它主要围绕数据或对象进行软件开发。UML 继承了面向对象编程的思想。在面向对象编程的思想中，万物皆对象。

UML 可以表示存在于面向对象编程中的所有概念。对象中的抽象、封装、继承和多态等基本概念都可以用 UML 表示。

因此，在学习 UML 前，需要了解面向对象的基本概念，从而更好地理解 UML。面向对象的基本概念如下。

- 类：定义了蓝图（对象的结构和功能）。
- 对象：被模块化描述的实体系统的基本单元。模块化有助于将系统划分为可理解的组件，以便开发者逐块构建系统。
- 继承：子类继承父类属性的一种机制。
- 抽象：对用户隐藏实现细节的机制。
- 封装：将数据绑定在一起，并且对其进行不同层级的保护，使被保护的数据免受外部世界的影响。
- 多态性：功能或实体能够以多种形式存在的情况。在计算机科学中，多态性保障了软件开发者可以通过同一个接口访问不同类型的对象。每种类型的对象都可以提供自己独立的接口实现。

2）应用和实施面向对象的概念

面向对象分析的目的是，对要设计的系统的对象进行识别。在识别对象的过程中，通过分析识别不同对象的关系，最终产生设计。

应用和实施面向对象概念的过程分为 3 个基本步骤，如图 1-2 所示。

图 1-2

以上 3 点的详细介绍如下。

- 在"面向对象分析"过程中，首先需要识别对象，并且以适当的方式描述对象。如果这些对象被有效地识别出来，那么接下来的"面向对象设计"工作

会非常容易。在"面向对象分析"过程中，需要将对象的功能描述出来，将对象的数据、功能和行为模型划分出来，揭示对象更多的细节。

- 在"面向对象设计"过程中，主要的工作是进行设计，从而满足具体的需求。
- 在"面向对象实现（面向对象语言的使用）"过程中，开发者使用 Go、Java 等面向对象的编程语言实现程序逻辑。

3）UML 在面向对象设计中的作用

类图、对象图等通常都是面向对象设计的。在实战开发过程中，对于面向对象编程的架构设计，首先需要将软件的开发需求转化为对应的 UML 图。因此，UML 有助于开发者更形象地进行面向对象设计与代码实现。

1.2.2 UML 事物

1．结构事物

结构事物（Structural Things）是指 UML 模型中的概念或物理元素。结构事物通常使用名词识别，主要用于描述模型的静态行为。结构事物包括 7 种类型，如表 1-1 所示。

表 1-1

概念	定义	UML 图
类	具有属性和方法的对象。在类中的属性和方法名称前，"+"、"-"和"#"符号表示属性和方法的可见性。在类、属性、方法这 3 个元素中，类名是唯一的强制性信息	类（Class） 属性（Attributes） 方法（Methods）
接口	指定类或组件的服务的函数集合，即该类的外部可见行为	接口（Interface）
协作	描述一组事物之间的行为和行动模式	
用例	系统地执行的一系列动作，产生一些可观察的结果，通常用于构建模型中的行为	用例（Use Case）
组件	系统中物理的可替换部分，它实现了许多接口。 示例：一组类、接口和协作	组件（Component）

概念	定义	UML 图
节点	在运行时存在的物理元素，通常用于表示系统资源	节点（Node）

2. 行为事物

行为事物（Behavior Things）是指 UML 模型中的动态部分，主要用于表示时间和空间上的动作。行为事物包括交互和状态机两种类型，如表 1-2 所示。

表 1-2

概念	定义	UML 图
交互	由一组消息组成的行为，这些消息可以在特定上下文中的一组对象之间交换，从而达到特定目的。交互涉及许多其他元素，包括消息、动作序列（消息调用的行为）和连接（对象之间的连接）	消息（Message）
状态机	指定对象或交互在其生命周期内响应事件所经历的状态序列的一种行为，包括对这些事件的响应。单个类的行为或类的协作可以用状态机指定	状态（State）

3. 分组事物

分组事物（Grouping Things）是 UML 模型中负责分组的部分。包（Package）是唯一可以收集结构事物和行为事物的分组事物。通常使用左上角有一个小矩形的大矩形表示包，如图 1-3 所示。

图 1-3

4. 注释事物

注释事物（Annotation Things）是指 UML 模型中的解释部分，主要用于捕获 UML 模型元素的备注、描述和注释。注解（Note）是唯一的注释事物。通常使用右上角有折角的矩形表示注解，如图 1-4 所示。

图 1-4

1.2.3　UML 关系

　　UML 关系主要用于描述几个事物之间的联系，在 UML 中，关系是模型元素之间的连接。UML 关系通过定义模型元素之间的结构和行为，为模型添加语义。UML 关系包括 6 种类型，如表 1-3 所示。

表 1-3

概念	定义	UML 图
依赖	依赖（Dependency）是一种关系，其中目标元素的变化会影响源元素，简单地说，源元素依赖于目标元素。依赖是 UML 中最重要的符号之一。依赖描述了从一个实体到另一个实体的依赖关系。依赖由一条虚线表示，并且在一侧有一个箭头	依赖（Dependency） Programmer　+ Compute(computer:Computer):nil Computer　+ Compute:nil
关联	关联（Association）是指将实体与 UML 模型相关联的一组连接，主要用于描述对象之间的结构关系。在关联关系中，可以添加标签，用于表示连接的数量和作用。根据关联关系，可以知道有多少元素参与了这种关系的形成。关联用两侧带箭头的虚线表示，用于描述与两边元素的关系，如一个人拥有一部或多部手机	关联（Association） People　+ MyPhone　+ Call():nil Phone　+ Call():nil
泛化	泛化（Generalization）主要用于描述父类（泛化）与其子类（专业化）之间的关系。泛化是用继承表示的，任何子类都可以访问、更新或继承父类的功能、结构和行为。泛化关系用一条带空心箭头的实线表示	泛化（Generalization） Animal　- weight:float　+ Run():void Cat　- weight:float　+ Run():void
实现	实现（Realization）是两个事物之间的一种语义关系，其中一个事物主要用于定义要执行的行为，它由一条虚线表示，并且在一侧有一个空箭头	实现（Realization） <<interface>> InterPay　+ Pay():boolean WeChatPay　+ Pay(): boolean

续表

概念	定义	UML 图
组合	组合（Composition）主要用于表示整体与部分之间的关系。在组合关系中，数据通常只流向一个方向，即从整体分类器流向部分分类器。组合关系由一条实线表示，关联端有一个实心菱形，与单个或复合分类器相连	
聚合	聚合（Aggregation）主要用于将分类器显示为另一个分类器的一部分或从属于另一个分类器，如公司和部门是聚合关系。聚合关系用一条带空心菱形箭头的实线表示	

1.2.4 UML 图

UML 图是构建和可视化面向对象系统的图形符号。UML 图是一种静态结构图，通过显示系统的以下内容描述系统的结构。

- 类。
- 类的属性。
- 方法（或操作）。
- 对象之间的关系。

UML 图可以从以下几方面帮助软件开发团队。

- 让新的团队成员或开发者快速切换团队。
- 浏览源代码。
- 在编写程序前计划好新功能。
- 更轻松地与技术和非技术受众交流。

UML 图由结构图和行为图构成。

1. 结构图

1）类图

类图（Class Diagram）是面向对象建模的主要组成部分，主要用于显示模型的静态结构。类图既可以应用于应用程序的系统分类的一般概念建模，又可以应用于详细建模，将模型转换成编程代码。UML 类图的示例如图 1-5 所示。

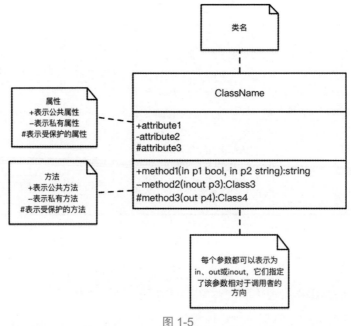

图 1-5

- 类名：出现在第 1 个分区中。
- 属性：出现在第 2 个分区中。类中的属性和方法名称前的"+"、"-"和"#"符号表示属性和方法的可见性。其中，"+"符号表示公共属性或方法，"-"符号表示私有属性或方法，"#"符号表示受保护的属性或方法。
- 方法：出现在第 3 个分区中。方法是类提供的服务。方法的返回类型显示在方法签名末尾的冒号后面。方法中参数的返回类型显示在参数名称后面。

2）组合结构图

组合结构图（Composite Structure Diagram）中包含类、接口、包及其关系，并且提供系统的逻辑视图。组合结构图的示例如图 1-6 所示。

在图 1-6 中，摩托车（Motorcycle）是由车架（Frame）、前轮（Front Wheel）、后轮（Rear Wheel）和引擎（Engine）组成的。根据图 1-6 可知组合结构图是如何标识包含类元 Motorcycle 的。图框中显示了包含类元的两个内部组合部件，这两个内部组合部件表示摩托车的两个车轮，类型为 Wheel。通信链路使用名为 Frame 的车架连接器分别将前轮和后轮连接起来。

在根据 Motorcycle 类元创建组合结构图时，会创建 Wheel 类元的两个实例。这些部件归 Motorcycle 实例中的组合所有，并且前轮和后轮通过车架连接起来。

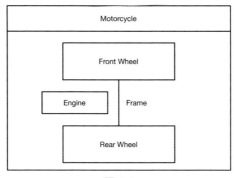

图 1-6

3）对象图

对象图（Object Diagram）是类图的一个实例。对象图显示了系统在某个时间点的详细状态的快照，因此对象图中包含对象及其关系。可以将对象图看作系统中实例及它们之间关系的"屏幕截图"。由于对象图描绘了对象被实例化时的行为，因此可以通过对象图研究系统在特定时刻的行为。对象图的示例如图 1-7 所示。

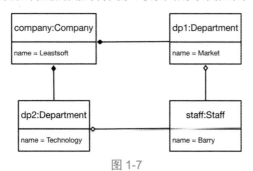

图 1-7

图 1-7 描述的是在某个具体时间点，Leastsoft 公司中有技术部（Technology）和市场部（Market）共两个部门，两个部门中只有一个名为 Barry 的员工（Staff）。

4）组件图

组件图（Component Diagram）描绘了系统中组件提供的接口、端口等之间的关系，主要用于展示各个组件之间的依赖关系。可以使用组件图对系统的实现细节进行建模。组件图描绘了系统元素之间的结构关系，可以帮助开发者了解开发计划是否涵盖了功能需求。在设计和构建复杂系统时，组件图是必不可少的。组件图的示例如图 1-8 所示。根据图 1-8 可知，订单系统组件依赖于库存系统组件和用户仓库组件。

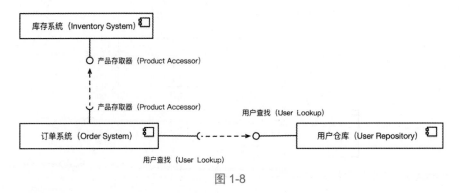

图 1-8

5）部署图

部署图（Deployment Diagram）描绘了系统内部软件的节点分布状态，主要用于表示软件和硬件之间的映射关系。部署图可以告诉开发者存在哪些硬件组件，以及在其上运行哪些软件组件。在分布式软件架构中，软件组件主要用于在具有不同配置的多台服务器上使用。节点在部署图中显示为一个立方体。部署图的示例如图 1-9 所示。

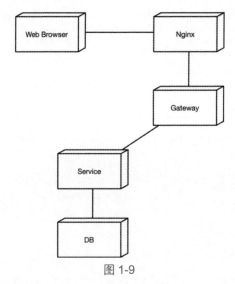

图 1-9

6）包图

包图（Package Diagram）描绘了系统在包层面上的结构设计，描述了包及其元素的组织方式，主要用于表示包和包之间的依赖关系。使用包可以将 UML 图组织成有意义的组，并且使 UML 图易于理解。包图的示例如图 1-10 所示。

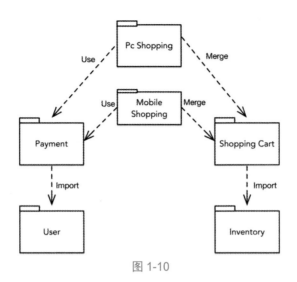

图 1-10

在图 1-10 中，Use 表示使用关系，也就是说，Pc Shopping 和 Mobile Shopping 会使用 Payment。Merge 表示合并关系，也就是说，Pc Shopping 和 Mobile Shopping 合并了 Shopping Cart，从而拥有了 Shopping Cart 的功能。Import 表示导入关系。例如，在 Go 语言中，在使用 Import 导入包后，可以直接使用所导入包中的结构体、公有属性和公有方法。

7）概要图

概要图（Profile Diagram）主要用于为特定的领域和平台定制 UML 模型。概要图主要在元模型级别进行操作。概要图通过定义构造型、标记值和约束，描述对 UML 的轻量级扩展机制。配置文件允许针对不同的 UML 元模型进行调整，共同为特定领域（如航空航天、医疗保健、金融）或平台（如 J2EE、.NET）定制 UML 模型。例如，标准 UML 元模型元素的语义可以在配置文件中专门化。在具有"Java 模型"配置文件的模型中，应该将类的泛化限制为单一继承，而不必为每个类的对象显式分配构造型"Java 类"。概要图的示例如图 1-11 所示。

图 1-11

概要图机制不是一流的扩展机制，不可以去掉任何适用于元模型的约束，但可以添加特定于配置文件的新约束。

概要图可以动态地应用于模型或从模型中收回，也可以动态组合，以便在同一个模型上同时应用多个配置文件。概要图中使用的图形节点和边的标记符号有 profile、metaclass、stereotype、extension、reference、profile application。

2．行为图

1）状态机图

状态机图（State Machine Diagram）主要用于表示在有限的时间内，系统或系统部分实例的状态。简单地说，状态机图主要用于模拟类响应时间和外部刺激变化的动态行为。状态机图的示例如图 1-12 所示。

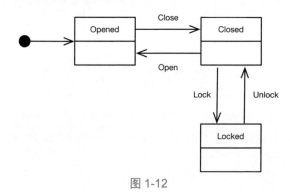

图 1-12

2）活动图

活动图（Activity Diagram）主要用于对从一个活动到另一个活动的流程进行建模。开发者可以使用活动图说明系统中的控制流，也可以使用活动图指代执行用例所涉及的步骤，还可以使用活动图对顺序和并发活动进行建模。活动图侧重于流程的条件及其发生的顺序。活动图的示例如图 1-13 所示。

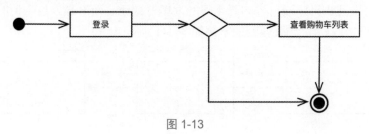

图 1-13

图 1-13 简单描绘了从登录到查看购物车列表和登录失败直接结束的活动流程。

3）用例图

用例图（Use Case Diagram）是指用户可能与系统交互的图形描述。用例指定了预期的行为，而不是实现它的确切方法。用例图可以帮助开发者从最终用户的角度设计系统。用例图的示例如图 1-14 所示。

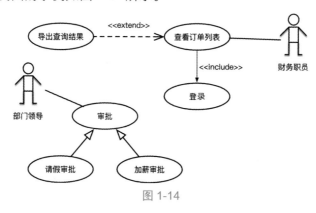

图 1-14

4）序列图

序列图（Sequence Diagram）是详细描述如何执行操作的交互图。在序列图中，使用垂直轴表示时间，使用水平轴表示什么消息被发送及何时发送，从而直观地显示交互的顺序。序列图主要用于记录新系统和现有系统的需求。序列图的示例如图 1-15 所示。

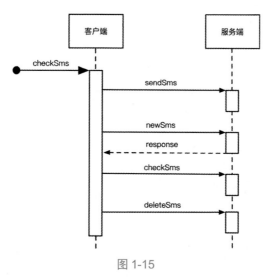

图 1-15

图 1-15 描绘了使用短信验证码进行验证的场景。

5）通信图

通信图（Communication Diagram）主要用于表示收发消息的对象的组织关系，包含对象及传播的消息，展示了对象是如何交互的。通信图是对象图的扩展，不仅展示了对象之间的关联关系，还展示了对象相互发送的消息。通信图的示例如图 1-16 所示。

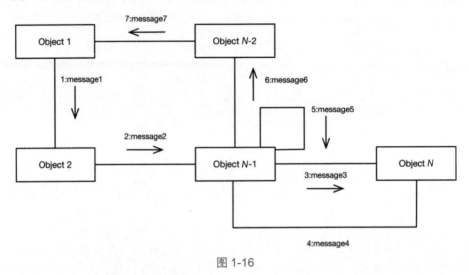

图 1-16

在图 1-16 中，对象（用例中的参与者）使用矩形表示。通信图中的相关符号说明如下。

- 对象之间使用带标签的箭头表示传递的消息。
- 对象之间传递的示例消息标记为"1:message1""2:message2""3:message3"等，其中，消息名称的数字前缀表示其在序列中的顺序。
- 对象发送给自己的消息被表示为循环（如消息 message5）。

6）时序图

时序图（Timing Diagram）是序列图的一种特殊形式，主要用于描述对象在特定时间范围内的行为。时序图可以展示控制对象状态和行为变化的时间和持续时间约束。

①生命线。

生命线表示序列图中的单个参与者。生命线上通常有一个包含其对象名称的矩形。

时序图中的生命线由分类器的名称或它所代表的实例表示，可以放置在图表框架或

"泳道"内。生命线的 UML 图示例如图 1-17 所示，展示了 Stock 类的生命线"数据"。

②状态或条件时间线。

时序图可以展示参与的分类器或属性的状态，以及一些可测试的条件，如属性的离散值或可枚举值。

状态或条件时间线的 UML 图示例如图 1-18 所示，根据条件时间线可知，病毒会在休眠、传播、触发和执行状态之间更改其状态。UML 允许状态或条件维度是连续的。状态或条件时间线可以应用于条件时间线实体经历连续状态变化的场景，如温度或密度。

图 1-17　　　　　　　　　　　　　　　　图 1-18

③持续时间约束。

持续时间约束的语义继承自约束，主要用于确定约束的持续时间是否满足条件。如果最大约束值与最小约束值的差变为负数，则意味着系统被认为是失败的。持续时间约束是指持续时间间隔与其约束的结构之间的某种图形关联。

持续时间约束的 UML 图示例如图 1-19 所示，冰融化成水的时间为 2～7 分钟。

④时间限制。

时间限制是指时间间隔与其约束的构造之间的图形关联，主要用于确定是否满足约束的时间表达式。

时间限制的 UML 图示例如图 1-20 所示，某公司的员工在 17:30～18:00 下班。

图 1-19　　　　　　　　　　　　　　　　图 1-20

⑤破坏发生。

破坏发生是指生命线描述的事件发生了破坏。在指定生命线上的破坏发生后面不

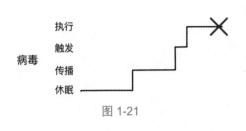

图 1-21

会出现其他事件。破坏发生由时间线末端的"×"形式的十字表示。破坏发生的 UML 图示例如图 1-21 所示，表示病毒生命线被终止。

破坏发生的完整 UML 名称是破坏发生规范，在 UML 2.4 及更低版本中，它被称为破坏事件。

Web 用户在浏览器中输入 URL 后，该 URL 会被解析到某个 IP 地址。DNS 解析可以为用户感知的响应延迟增加一些有形的等待时间。与 DNS 解析有关的延迟可能从 1 毫秒（本地 DNS 缓存）到几秒不等。

Web 浏览器需要一些时间处理 HTTP 响应和 HTML 页面，从而将页面视图呈现给 Web 客户端。

> ● 提示：
>
> 在此之后，Web 浏览器可能需要更多的时间请求其他资源，如 CSS、JavaScript、图像，这些资源未在图表中显示。

Web 请求时序图的示例如图 1-22 所示。

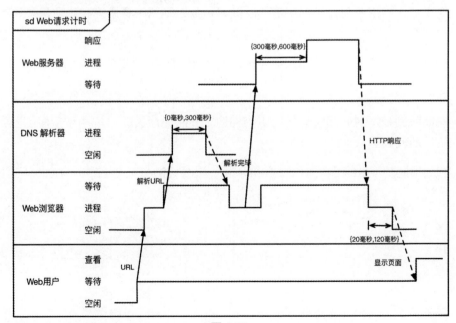

图 1-22

7）交互概览图

交互概览图（Interaction Overview Diagrams）提供了交互模型的高级抽象。交互概览图是活动图的变体，其中的节点表示交互元素（Interaction Element）或交互事件（Interaction Occurrence）。交互事件是对现有交互概览图的引用，其左上角带有"ref"标签。交互概览图侧重于交互控制流的概述，它可以对一系列动作进行建模，帮助开发者将复杂的交互事件简化为简单的交互事件。

一个购物车的交互概览图如图 1-23 所示，其中，sd（Sequence Diagram，序列图）表示具体的交互流程，ref（Reference，引用）表示对现有交互概览图的引用，loop 表示循环。

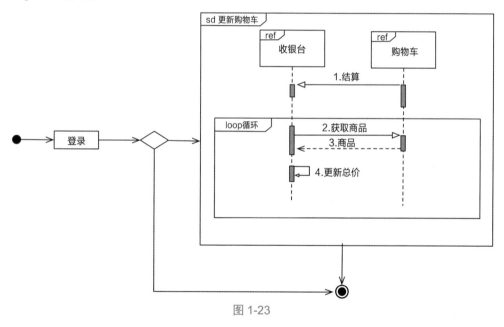

图 1-23

1.3　设计模式的六大原则

1．开闭原则

开闭原则（Open-Close Principle）是指对扩展开放，对修改关闭。在程序需要进行拓展时，不能修改原有的代码，实现一个热插拔的效果，从而使程序的扩展性更好，易于维护和升级。要达到这样的效果，开发者需要使用接口和抽象类，将在后续章节中进行详细讲解。

2. 里氏代换原则

里氏代换原则（Liskov Substitution Principle）是面向对象设计的基本原则之一。里氏代换原则告诉我们，任何基类可以出现的地方，子类一定可以出现。里氏代换原则是继承复用的基石，只有当子类可以替换基类且软件组件的功能不受影响时，基类才能真正被复用，使子类能够在基类的基础上增加新的行为。里氏代换原则是对开闭原则的补充。实现开闭原则的关键步骤是抽象化，而基类与子类的继承关系是抽象化的具体实现，所以里氏代换原则是对实现抽象化的具体步骤的规范。

3. 依赖倒转原则

依赖倒转原则（Dependence Inversion Principle）是开闭原则的基础，具体内容是针对接口编程，依赖于抽象，而不依赖于实体。

4. 接口隔离原则

接口隔离原则（Interface Segregation Principle）是指使用多个隔离接口比使用单个隔离接口要好，它还有另外一个意思是降低类之间的耦合度。由此可见，设计模式就是从大型软件架构出发、便于升级和维护的软件设计思想，它强调减少依赖，降低耦合度。

5. 迪米特法则

迪米特法则（Law of Demeter）又称为最少知道原则，是指一个实体应当尽量少地与其他实体之间发生相互作用，使系统功能模块相对独立。

6. 合成复用原则

合成复用原则（Composite Reuse Principle）是指通过关联关系（包括组合关系和聚合关系）在一个新对象中使用一些已有的对象，使它们成为新对象的一部分；新对象通过委托已有对象的方法实现复制。简而言之，在重用对象时，尽量使用组合/聚合关系（关联关系），少用继承关系。

1.4　回顾与启示

本章通过讲解 UML 的基本概念，帮助读者对设计模式有一个初步认识，主要内容如下。

- 设计模式介绍。先后阐述了什么是设计模式、为什么需要设计模式和怎样使用设计模式，使读者对设计模式有一个初步认识。
- UML 基础知识。分别介绍了什么是 UML、UML 事物、UML 关系、UML 图，使读者可以更好地学习设计模式的基础知识。
- 简要介绍了设计模式的六大原则。

尽量熟悉本章中的基本概念，为学习后续章节中的知识打好基础。

第 2 章

创建型设计模式

创建型设计模式包括单例模式、工厂方法模式、抽象工厂模式、生成器模式、原型模式和对象池模式。

2.1　单例模式

2.1.1　单例模式简介

1. 什么是单例模式

单例模式（Singleton Pattern）是一种常用的软件设计模式。单例模式的类提供了一种访问其唯一对象的方法，该对象可以直接被访问，无须实例化。单例模式保证了一个类的对象只存在一个，同时维护了一个对其对象的全局访问点。

单例模式的 UML 类图如图 2-1 所示。singleton 类拥有唯一的私有属性 instance 和唯一的公有方法 GetInstance()，使用 GetInstance()方法判断全局变量 instance 是否为空（nil），如果 instance 为空，则通过 new(singleton) 创建唯一对象 instance。

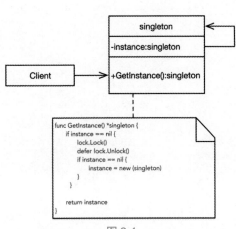

图 2-1

2. 单例模式的使用场景

单例模式的使用场景十分丰富，常见的使用场景如下。

- 如果程序中的某个类对于所有客户端都只有一个可用的实例，则可以使用单例模式。在单例模式中，如果该对象已经被创建，则返回已有的对象。
- 如果开发者想要更加严格地控制全局变量，则可以使用单例模式。单例模式可以保证一个类只存在一个实例。除了单例类外，无法通过其他方式替换缓存的实例。
- 在开发网站的计数器时，可以使用单例模式，否则难以同步。
- 在开发应用程序的日志记录时，可以使用单例模式，因为共享的日志文件一直处于打开状态，所以只能有一个实例进行操作，否则难以将内容追加到文件中。
- 在读取 Web 应用程序的配置对象时，可以使用单例模式，因为配置文件是共享的资源。
- 在设计数据库连接池时，可以使用单例模式。在数据库管理系统中使用数据库连接池，主要目的是节省打开或关闭数据库连接所引起的效率损耗。这种效率上的损耗还是非常巨大的，如果使用单例模式维护，则可以大幅减少这种损耗。
- 在设计多线程线程池时，可以使用单例模式，因为线程池应方便对池中的线程进行控制。

3. 单例模式的实现方式

在 Go 语言中，单例模式的实现方式有 4 种，分别为懒汉式单例模式、饿汉式单例模式、双重检查单例模式和 sync.Once 单例模式。这 4 种实现方式有一个共同特征：只实例化一次，只允许有一个实例存在。

1）懒汉式单例模式

懒汉式单例模式是指，在创建对象时，不直接创建对象，在加载配置文件时才创建对象。

以下代码实现了懒汉式单例模式，但在并发条件下，协程（Goroutine）并不安全，可能会创建多次对象。

```go
//单例类
type singleton struct {
    value int
}
//声明私有变量
var instance *singleton
```

```
//获取单例对象
func GetInstance() *singleton {
    if instance == nil {
        instance = new(singleton)
    }
    return instance
}
```

在以上代码的基础上，可以使用 Go 语言的 Sync.Mutex 对象进行加锁，从而保证协程并发安全，示例代码如下：

```
//声明私有变量
var instance *singleton

//声明锁对象
var mutex sync.Mutex
//加锁，保证协程安全
func GetInstance() *singleton {
    mutex.Lock()
    defer mutex.Unlock()
    if instance == nil {
        instance = new(singleton)
    }
    return instance
}
```

以上代码通过加锁的方式保证了协程的并发安全。但是以上代码有一个弊端：每次调用该方法都需要进行加锁操作，在性能上不够高效。

2）饿汉式单例模式

饿汉式单例模式是指，在创建对象时，不判断创建的对象是否为空，直接创建对象。饿汉式单例模式是并发安全的，其唯一的缺点是在导入包的同时会创建对象，并且创建的对象会持续存储于内存中。饿汉式单例模式可以使用初始化函数 init() 实现，示例代码如下：

```
type singleton struct {
}

var instance *singleton

func init() {
    if instance == nil {
        instance = new(singleton)
        fmt.Println("创建单个实例")
```

```
    }
}

//提供获取实例的函数
func GetInstance() *singleton {
    return instance
}
```

3）双重检查单例模式

在懒汉式单例模式示例代码的基础上进行优化，减少加锁操作，这样可以在保证并发安全的同时不影响性能，这种模式称为双重检查单例模式，示例代码如下：

```
//声明锁对象
var mutex sync.Mutex
//当对象为空时，对对象加锁；在创建好对象后，在获取对象时就不用加锁了
func GetInstance() *singleton {
    if instance == nil {
        mutex.Lock()
        if instance == nil {
            instance = new(singleton)
            fmt.Println("创建单个实例")
        }
        mutex.Unlock()
    }
    return instance
}
```

4）sync.Once 单例模式

sync.Once 是 Go 标准库提供的使函数只执行一次的实现，通常应用于单例模式，如初始化配置、保持数据库连接等，其作用与 init()函数类似，但有区别。init()函数会在其所在的包（package）首次被加载时执行，如果被加载的包不立即被使用，那么既浪费了内存空间，又延长了程序加载时间。

sync.Once 可以在代码的任意位置被初始化和调用，在并发场景中是并发安全的。使用 sync.Once 对象的 Do()方法创建实例，可以确保创建对象的方法只被执行一次，示例代码如下：

```
var once sync.Once

func GetInstance() *singleton {
    once.Do(func() {
        instance = new(singleton)
        fmt.Println("创建单个实例")
```

```
    })
    return instance
}
```

2.1.2　Go 语言实战

在 Go 语言中，有多种方法可以实现单例模式。本节以并发安全的单例模式为例，介绍其实现流程，具体如下。

（1）定义一个名为 singleton 的类，然后声明一个名为 instance 的私有变量，用于存储单例实例。

（2）声明一个公有方法 GetInstance()，用于获取单例实例。

（3）在公有方法 GetInstance()中，通过互斥锁 sync.Mutex{}实现"延迟初始化"。GetInstance()方法会在首次被调用时创建一个新对象，并且将该对象存储在变量中。此后，每次调用 GetInstance()方法，都会返回该对象。

以上 3 步的代码如下：

```
package pkg

import (
    "fmt"
    "sync"
)

var lock = &sync.Mutex{}

type singleton struct {
}

var instance *singleton

//获取实例
func GetInstance() *singleton {
    if instance == nil {
        lock.Lock()
        defer lock.Unlock()
        if instance == nil {
            fmt.Println("创建单个实例")
            instance = new (singleton)
        } else {
```

```
        fmt.Println("已创建单个实例!")
        }
    } else {
        fmt.Println("已创建单个实例!")
    }

    return instance
}
```

（4）创建客户端，测试单例模式，代码如下：

```
package main

import (
    "fmt"
    "github.com/shirdonl/goAdvanced/chapter3/creational/single/pkg"
)

func main() {
    for i := 0; i < 3; i++ {
        go pkg.GetInstance()
    }

    fmt.Scanln()
}
//创建单个实例
//已创建单个实例!
//已创建单个实例!
```

2.1.3　优缺点分析

1. 单例模式的优点

- 单例模式可以扩展为工厂模式。
- 由于在系统的内存中只存在一个对象，因此对于需要频繁创建和销毁对象的系统，使用单例模式可以提升系统的性能。

2. 单例模式的缺点

- 由于单例模式不是抽象的，因此其可扩展性较低。
- 滥用单例模式会产生一些负面问题。例如，为了节省资源，如果使用单例模式设计数据库连接池对象，则可能会导致共享连接池对象过多且没有被释放的情景，从而出现连接池溢出的问题。此外，如果实例化的对象长时间不被使用，那么它可能会被操作系统认为是垃圾对象而被回收，从而导致对象丢失。

2.2 工厂方法模式

2.2.1 工厂方法模式简介

1. 什么是工厂方法模式

工厂方法模式（Factory Method Pattern）定义了一个用于创建对象的接口，但让子类决定实例化哪个类。接口中的工厂方法允许类将实例化操作推迟到一个或多个具体子类中。工厂方法模式是创建对象的最佳方法之一，其中的对象创建逻辑对客户端隐藏。工厂方法模式的 UML 类图如图 2-2 所示。

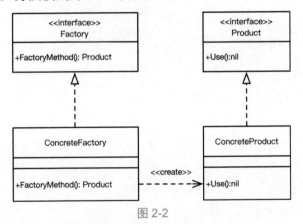

图 2-2

根据图 2-2 可知，工厂方法模式的角色组成如下。

- 工厂（Factory）：声明返回产品对象的工厂方法的接口。该方法返回的对象类型必须与产品接口类型相匹配。
- 具体工厂（ConcreteFactory）：实现工厂接口的类，会重写基础工厂方法，使其返回不同类型的产品。
- 产品（Product）：声明产品方法的接口。对于所有由具体工厂类及其子类构建的对象，该接口是通用的。

- 具体产品（ConcreteProduct）：实现产品接口的类。

2. 工厂方法模式的使用场景

- 在程序开发过程中，如果开发者无法预知对象的具体类型及其依赖关系，则可以使用工厂方法模式。工厂方法模式将创建产品的工厂代码与产品代码分离，从而降低代码之间的耦合度。例如，如果需要添加一种新产品，则只需创建一个新的具体工厂类，然后重写其工厂方法。
- 如果开发者希望其他开发者可以扩展软件库或框架的内部组件，则可以使用工厂方法模式。
- 如果一个类需要通过子类指定其创建的对象，则可以使用工厂方法模式。

3. 工厂方法模式的实现方式

（1）定义工厂接口。在工厂方法模式中，会在工厂接口中声明对所有产品都有意义的方法，示例代码如下：

```
//工厂接口
type Factory interface {
    FactoryMethod(owner string) Product
}
```

（2）定义具体工厂类，并且实现工厂接口中的方法，示例代码如下：

```
//具体工厂类
type ConcreteFactory struct {

}

//具体工厂类的工厂方法
func (cf *ConcreteFactory) FactoryMethod(owner string) Product {
    p := &ConcreteProduct{}
    return p
}
```

在具体工厂类的工厂方法中调用具体产品对象，并且返回具体产品对象。开发者可能需要在工厂方法中添加临时参数，用于控制返回的具体产品对象的类型。

（3）定义产品接口，并且定义该接口中的方法签名，示例代码如下：

```
//产品接口
type Product interface {
    Use()
}
```

（4）定义具体产品类，并且实现产品接口中的方法，示例代码如下：

```
//具体产品类
type ConcreteProduct struct {
}

//具体产品类的方法
func (p *ConcreteProduct) Use() {
    fmt.Println("This is a concrete product")
}
```

（5）创建客户端，使用工厂生产产品，示例代码如下：

```
package main

import (
    "github.com/shirdonl/goDesignPattern/chapter2/factory/example"
)

func main() {
    //声明具体工厂对象
    factory := example.ConcreteFactory{}

    //生产产品
    product := factory.FactoryMethod("shirdon")
    //使用产品
    product.Use()
}
//$ go run main.go
//This is a concrete product
```

2.2.2　Go 语言实战

假设开发者正在开发一款服装工厂的品牌管理应用程序。该应用程序的最初版本只能生产一种品牌 ANTA 的服装，因此大部分代码都在位于名为 ANTA 的类中。在一段时间后，工厂生产的这个品牌的服装质量很好，销量很高。工厂收到了很多其他公司的合作请求，希望工厂能够生产其他品牌的服装。

在应用程序中新增一个品牌类会遇到问题。如果其他代码与现有的类已经存在耦合关系，那么向应用程序中添加新类会比较麻烦。目前，大部分代码都与 ANTA 类有关。如果要在应用程序中添加新的品牌类 PEAK，则需要修改之前编写的大部分代码。此外，如果开发者以后需要在程序中添加其他品牌类，则需要再次对代码进行大规模修改。

使用工厂方法模式可以解决上面的问题。工厂方法模式建议使用特殊的工厂方法调用对象，工厂方法返回的对象通常称为产品。

在工厂方法模式中，开发者可以在子类中重写工厂方法，从而改变其创建的产品类型。工厂方法模式的 UML 类图如图 2-3 所示。

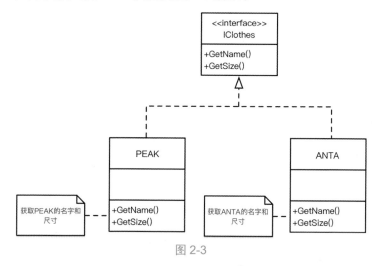

图 2-3

所有产品都必须实现同一个接口。例如，PEAK 类和 ANTA 类都必须实现服装产品接口 IClothes，该接口中声明了方法 GetName()和 GetSize()。只要产品类实现一个共同的产品接口，开发者就可以将其对象传递给客户端，不需要提供其他数据。

客户端不需要了解不同子类返回的对象之间的差别。客户端将所有产品视为抽象的服装产品接口 IClothes。客户端知道所有服装品牌对象都有其相应的方法，无须关心服装品牌对象的具体实现方式。

由于 Go 语言中缺少类和继承等面向对象编程的特性，因此无法使用 Go 语言实现经典的工厂方法模式。不过，开发者仍然可以实现工厂方法模式的基础版本，即简单工厂。在本实战中，开发者会使用服装工厂类生产多种品牌的服装。

首先，创建一个名为 IClothes 的接口，在该接口中定义生产一套服装所需的所有方法；然后，创建实现 IClothes 接口的服装产品类 clothes。有两种具体的服装产品类，分别是 ANTA 类与 PEAK 类，二者都嵌入了 clothes 类，并且间接实现了 IClothes 接口中的所有方法。

服装工厂类 ClothesFactory 会发挥工厂的作用，即通过传入参数生产所需类型的服装。main.go 文件会扮演客户端的角色，它不会直接与 ANTA 类或 PEAK 类进行互动，而是依靠 ClothesFactory 类创建多种服装产品对象，仅使用字符参数控制生产。

（1）定义服装产品接口 IClothes，该接口中有两个私有方法——setName()和 setSize()，以及两个公共方法——GetName()和 GetSize()，代码如下：

```go
type IClothes interface {
    setName(name string)
    setSize(size int)
    GetName() string
    GetSize() int
}
```

（2）定义服装产品类 clothes 及其方法，该类会被嵌套进 PEAK、ANTA 等具体品牌类，代码如下：

```go
type clothes struct {
    name  string
    size int
}

func (c *clothes) setName(name string) {
    c.name = name
}

func (c *clothes) GetName() string {
    return c.name
}

func (c *clothes) setSize(size int) {
    c.size = size
}

func (c *clothes) GetSize() int {
    return c.size
}
```

（3）定义具体服装产品类 PEAK 及其初始化函数，代码如下：

```go
type PEAK struct {
    clothes
}
```

```
func newPEAK() IClothes {
    return &PEAK{
        clothes: clothes{
            name: "PEAK clothes",
            size: 1,
        },
    }
}
```

（4）定义具体服装产品类 ANTA 及其初始化函数，代码如下：

```
type ANTA struct {
    clothes
}

func newANTA() IClothes {
    return &ANTA{
        clothes: clothes{
            name: "ANTA clothes",
            size: 4,
        },
    }
}
```

（5）编写 MakeClothes()函数，该函数会根据实参类型生产不同品牌的服装，代码如下：

```
func MakeClothes(clothesType string) (IClothes, error) {
    if clothesType == "ANTA" {
        return newANTA(), nil
    }
    if clothesType == "PEAK" {
        return newPEAK(), nil
    }
    return nil, fmt.Errorf("Wrong clothes type passed")
}
```

（6）创建客户端，测试工厂方法模式，代码如下：

```
func main() {
    ANTA, _ := pkg.MakeClothes("ANTA")
    PEAK, _ := pkg.MakeClothes("PEAK")

    printDetails(ANTA)
    printDetails(PEAK)
}

func printDetails(c pkg.IClothes) {
```

```
    fmt.Printf("Clothes: %s", c.GetName())
    fmt.Println()
    fmt.Printf("Size: %d", c.GetSize())
    fmt.Println()
}
//$ go run main-actual-combat.go
//Clothes: ANTA clothes
//Size: 4
//Clothes: PEAK clothes
//Size: 1
```

本节完整代码见本书资源目录 chapter2/factory。

2.2.3 优缺点分析

1. 工厂方法模式的优点

- 应用程序的模块具有可扩展性。在工厂方法模式中，调用一个方法与新类的实现是完全分离的。这种情况对如何扩展软件有特殊的影响：工厂方法具有高度的自治性，开发者在添加新类后，无须以任何方式更改应用程序。
- 工厂组件具有单独可测试性。例如，如果工厂方法模式实现了 3 个类，则可以单独测试每个类的功能。
- 与类的构造函数或初始化函数不同，可以为工厂方法起一个有意义的名称。

2. 工厂方法模式的缺点

- 系统中类的数量会成对增加，从而提高系统的复杂度。工厂设计模式的实现会导致集成类的数量大幅增加，因为每个具体产品类都需要一个具体工厂类。尽管工厂方法模式有利于软件扩展，但会增加工作量。如果要扩展工厂方法模式的产品系列，则必须调整工厂接口及相应的具体工厂类。因此，针对所需产品类型提前进行可靠规划是必不可少的。
- 抽象层的引入，提高了开发者对系统的理解难度。在客户端代码中需要使用抽象层，提高了系统的抽象性和开发者的理解难度。

2.3 抽象工厂模式

2.3.1 抽象工厂模式简介

1. 什么是抽象工厂模式

抽象工厂模式（Abstract Factory Pattern）与工厂方法模式类似，被认为是工厂方法模式的另一层抽象。抽象工厂模式围绕创建其他工厂的超级工厂工作。

抽象工厂模式为开发者提供了一个框架，允许开发者创建遵循一般模式的对象。在运行时，抽象工厂会与任何可以创建所需类型对象的具体工厂相结合，这就是抽象工厂模式比工厂方法模式高一级的原因。抽象工厂模式的 UML 类图如图 2-4 所示。

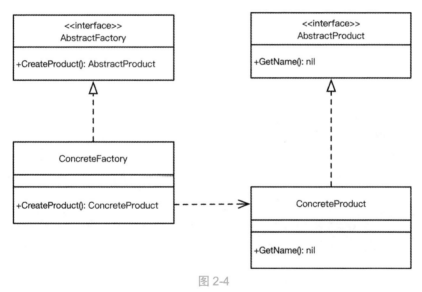

图 2-4

根据图 2-4 可知，抽象工厂模式的角色组成如下。

- 抽象产品（AbstractProduct）：构成产品系列的一组不同但相关的产品的声明接口。
- 具体产品（ConcreteProduct）：实现抽象产品接口的类，主要用于定义产品对象，由相应的具体工厂创建。
- 抽象工厂（AbstractFactory）：创建抽象产品对象的操作接口。

- 具体工厂（ConcreteFactory）：实现抽象工厂接口的类，用于创建产品对象。
  每个具体工厂都会生产相应的具体产品。
- 客户端（Client）：通过抽象接口调用抽象工厂对象和抽象产品对象，客户端
  能与所有具体工厂或具体产品交互。

2. 抽象工厂模式的使用场景

- 出于对代码未来的扩展性的考虑，如果开发者不希望代码基于具体产品进行
  构建，则可以使用抽象工厂模式。
- 如果某个类中具有一组抽象方法，并且这个类的功能不够明确，则可以考虑
  使用抽象工厂模式。
- 如果一个类要与多种类型的产品交互，则可以考虑将工厂方法抽取到具备完
  整功能的抽象工厂接口中。

3. 抽象工厂模式的实现方式

（1）定义抽象产品接口，然后使所有具体产品类都实现该接口，示例代码如下：

```go
//抽象产品接口
type AbstractProduct interface {
    GetName()
}

//具体产品类
type ConcreteProduct struct {
}

//具体产品类中的方法
func (c *ConcreteProduct) GetName() {
    fmt.Println( "具体产品 ConcreteProduct")
}
```

（2）定义抽象工厂接口，并且在该接口中定义用于创建抽象产品对象的签名函
数，示例代码如下：

```go
//抽象工厂接口
type AbstractFactory interface {
    CreateProduct() AbstractProduct
}
```

（3）定义具体工厂类及其方法，示例代码如下：

```
//具体工厂类
type ConcreteFactory struct {
}

//初始化具体工厂对象
func NewConcreteFactory() ConcreteFactory {
    return ConcreteFactory{}
}

//使用具体工厂对象创建具体产品
func (s *ConcreteFactory) CreateProduct() ConcreteProduct {
    return ConcreteProduct{}
}
```

（4）创建客户端，示例代码如下：

```
package main

import "github.com/shirdonl/goDesignPattern/chapter2/abstractFactory/
example"

func main() {
    factory := example.NewConcreteFactory()
    product := factory.CreateProduct()
    product.GetName()
}
//$ go run main.go
//具体产品类 ConcreteProduct
```

2.3.2　Go 语言实战

　　小米和联想是两大国产电子产品生产商。假设一个代工厂可以组装生产多种手机和计算机，分为生产小米产品的小米工厂和生产联想产品的联想工厂，小米工厂和联想工厂都可以生产各自品牌的手机和计算机，也可以生产其他产品。该代工厂为了方便管理，需要开发一款管理零部件和成品的系统。该系统的 UML 类图如图 2-5 所示。

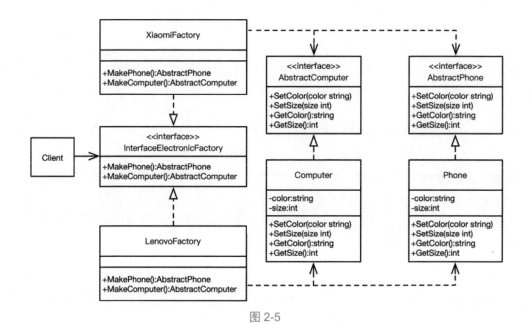

图 2-5

（1）定义抽象工厂接口，代码如下：

```go
package actualCombat

import "fmt"

//电子产品工厂接口
type InterfaceElectronicFactory interface {
    MakePhone() InterfacePhone
    MakeComputer() InterfaceComputer
}

//获取电子产品工厂对象
func GetElectronicFactory(brand string) (InterfaceElectronicFactory,
error) {
    if brand == "Xiaomi" {
        return &XiaomiFactory{}, nil
    }

    if brand == "Lenovo" {
        return &LenovoFactory{}, nil
    }

    return nil, fmt.Errorf("%s","error brand type")
}
```

（2）定义具体工厂类。

①定义联想工厂类 LenovoFactory，以及生产手机的方法 MakePhone() 和生产计算机的方法 MakeComputer()，代码如下：

```
//联想工厂类
type LenovoFactory struct {
}

//生产手机
func (n *LenovoFactory) MakePhone() InterfacePhone {
    return &LenovoPhone{
        Phone: Phone{
            color: "Black",
            size: 5,
        },
    }
}

//生产计算机
func (n *LenovoFactory) MakeComputer() InterfaceComputer {
    return &LenovoComputer{
        Computer: Computer{
            color: "White",
            size: 14,
        },
    }
}
```

②定义小米工厂类 XiaomiFactory，以及生产手机的方法 MakePhone() 和生产计算机的方法 MakeComputer()，代码如下：

```
//小米工厂类
type XiaomiFactory struct {
}

//生产手机
func (a *XiaomiFactory) MakePhone() AbstractPhone {
    return &XiaomiPhone{
        Phone: Phone{
            color: "White",
            size: 5,
        },
    }
}
```

```
//生产计算机
func (a *XiaomiFactory) MakeComputer() AbstractComputer {
    return &XiaomiComputer{
        Computer: Computer{
            color: "Black",
            size: 14,
        },
    }
}
```

（3）定义抽象产品接口。

①定义计算机接口 InterfaceComputer，并且定义 Computer 类，使其实现 InterfaceComputer 接口中的方法，代码如下：

```
//计算机接口
type InterfaceComputer interface {
    SetColor(color string)
    SetSize(size int)
    GetColor() string
    GetSize() int
}

type Computer struct {
    color string
    size int
}

func (s *Computer) SetColor(color string) {
    s.color = color
}

...//省略部分代码
```

②定义手机接口 InterfacePhone，并且定义 Phone 类，使其实现 InterfacePhone 接口中的方法，代码如下：

```
//手机接口
type InterfacePhone interface {
    SetColor(color string)
    SetSize(size int)
    GetColor() string
    GetSize() int
}

type Phone struct {
```

```
    color string
    size int
}

func (s *Phone) SetColor(color string) {
    s.color = color
}
```

...//省略部分代码

（4）定义具体产品类。

①定义联想计算机类 LenovoComputer，通过组合 Computer 类实现继承，代码如下：

```
//联想计算机类
type LenovoComputer struct {
    Computer
}
```

②定义联想手机类 LenovoPhone，通过组合 Phone 类实现继承，代码如下：

```
//联想手机类
type LenovoPhone struct {
    Phone
}
```

③定义小米计算机类 XiaomiComputer，通过组合 Computer 类实现继承，代码如下：

```
//小米计算机类
type XiaomiComputer struct {
    Computer
}
```

④定义小米手机类 XiaomiPhone，通过组合 Phone 类实现继承，代码如下：

```
//小米手机类
type XiaomiPhone struct {
    Phone
}
```

（5）创建客户端，声明小米工厂对象和联想工厂对象，并且生产小米和联想的手机和计算机，代码如下：

```
package main

import (
```

```
        "fmt"
        "github.com/shirdonl/goDesignPattern/chapter2/abstractFactory/
actualCombat"
    )

    func main() {
        //声明小米工厂对象
        xiaomiFactory, _ := actualCombat.GetElectronicFactory("Xiaomi")
        //声明联想工厂对象
        lenovoFactory, _ := actualCombat.GetElectronicFactory("Lenovo")

        //联想工厂生产联想手机
        lenovoPhone := lenovoFactory.MakePhone()
        //联想工厂生产联想计算机
        lenovoComputer := lenovoFactory.MakeComputer()

        //小米工厂生产小米手机
        xiaomiPhone := xiaomiFactory.MakePhone()
        //小米工厂生产小米计算机
        xiaomiComputer := xiaomiFactory.MakeComputer()

        printPhoneDetails(lenovoPhone)
        printComputerDetails(lenovoComputer)

        printPhoneDetails(xiaomiPhone)
        printComputerDetails(xiaomiComputer)
    }

    func printPhoneDetails(s actualCombat.AbstractPhone) {
        fmt.Printf("Color: %s", s.GetColor())
        fmt.Println()
        fmt.Printf("Size: %d inch", s.GetSize())
        fmt.Println()
    }

    func printComputerDetails(s actualCombat.AbstractComputer) {
        fmt.Printf("Color: %s", s.GetColor())
        fmt.Println()
        fmt.Printf("Size: %d inch", s.GetSize())
        fmt.Println()
    }
    //$ go run main-actual-combat.go
    //Color: Black
    //Size: 5 inch
    //Color: White
    //Size: 14 inch
```

```
//Color: White
//Size: 5 inch
//Color: Black
//Size: 14 inch
```

本节完整代码见本书资源目录 chapter2/abstractFactory。

2.3.3　优缺点分析

1. 抽象工厂模式的优点

- 当客户端不知道要创建什么类型的对象时，抽象工厂模式特别有用。
- 抽象工厂模式实现了具体类的隔离。抽象工厂模式可以帮助开发者控制应用程序创建对象的类：因为工厂封装了创建产品对象的职责和过程，所以抽象工厂模式可以将客户端与实现类隔离开；客户端通过抽象工厂模式的抽象工厂接口操作实例；具体产品类名在具体工厂的实现中是隔离的，不会出现在客户端代码中。
- 抽象工厂模式可以轻松改变产品系列。在应用程序中，具体工厂对象只在被实例化的地方出现一次，使更改应用程序使用的具体工厂对象变得容易。更改具体工厂对象，即可使用相应的各种产品配置，因为抽象工厂接口创建了一个完整的产品系列，所以整个产品系列会立即发生变化。
- 保证产品之间的一致性。当一个系列中的产品对象被设计为协同工作时，应用程序一次只能使用一个产品系列中的对象是很重要的，使用抽象工厂模式可以很容易地实现。

2. 抽象工厂模式的缺点

抽象工厂模式难以扩展新型产品，如果要支持新型产品，则需要扩展工厂接口，这涉及更改抽象工厂对象及其所有子对象。因此，在使用抽象工厂模式时，需要对产品的类别、等级进行详细划分，这样，有利于后期添加新产品。

2.4 生成器模式

2.4.1 生成器模式简介

1. 什么是生成器模式

生成器模式（Builder Pattern）的目标是将复杂对象的构造与其实现分离，以便相同的构造过程可以创建不同的实现。生成器模式主要用于逐步构造一个复杂的对象，并且返回该对象。生成器模式的 UML 类图如图 2-6 所示。

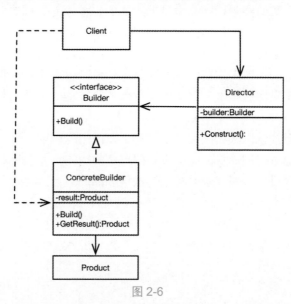

图 2-6

根据图 2-6 可知，生成器模式的角色组成如下。

- 生成器（Builder）：定义了正确创建产品必须采取的所有步骤的接口。每个步骤通常都是抽象的，因为生成器的实际功能是在具体的实现类中实现的。
- 具体生成器（ConcreteBuilder）：实现生成器接口的类。具体生成器可以生成任意数量的产品类，这些类具有创建特定复杂产品的功能。
- 产品（Product）：最终生成的对象。由不同具体生成器创建的产品是独立的，产品之间不受影响。
- 主管（Director）：用于控制生成最终产品对象算法的类。主管对象会被实例化，并且它生成产品对象的方法 Construct() 被调用，该方法中包含一个参数，用于捕获生成产品的特定具体生成器对象。然后，主管以正确的顺序调用具体生成器中的方法，从而生成产品对象。在完成该过程后，即可使用生成器对象的 GetResult()方法返回生成的产品对象。

- 客户端（Client）：将某个生成器对象与主管类相关联。在一般情况下，开发者通过主管类构造函数中的参数进行一次性关联即可。此后，主管类就可以使用生成器对象完成后续的所有构造任务了。

2. 生成器模式的使用场景

- 当开发者希望创建不同形式的产品时，可以使用生成器模式。
- 如果开发者需要创建各种形式的产品，这些产品的制造过程相似且产品之间的差别不大（如红色钢笔和黑色钢笔），则可以使用生成器模式。
- 如果需要使用构造函数，并且构造函数的参数很多，则可以使用生成器模式。
- 当需要构建同一个对象的不同表示时，可以使用生成器模式。也就是说，当需要创建具有不同特征的同一类对象时，可以使用生成器模式。

3. 生成器模式的实现方式

（1）定义生成器接口，示例代码如下：

```
//生成器接口
type Builder interface {
    Build()
}
```

（2）定义具体生成器类，用于构建产品的生成器。为每个形式的产品创建具体生成器类，示例代码如下：

```
//具体生成器类，用于构建产品的生成器
type ConcreteBuilder struct {
    result Product
}

//初始化具体生成器对象
func NewConcreteBuilder() ConcreteBuilder {
    return ConcreteBuilder{result:Product{}}
}

//生成产品
func (b *ConcreteBuilder) Build() {
    b.result = Product{}
}
```

实现具体生成器的其他方法，用于获取生成的产品对象。例如，可以在具体生成器对象中添加一个 GetResult() 方法，用于返回一个产品对象 Product。示例代码如下：

```go
//返回在生成步骤中生成的产品对象
func (b *ConcreteBuilder) GetResult() Product {
    return Product{true}
}

//产品类
type Product struct {
    Built bool
}
```

（3）定义主管类，用于协调生成的产品对象。主管类可以使用同一个生成器对象封装多种生成产品对象的方法。示例代码如下：

```go
//主管类
type Director struct {
    builder Builder
}

//初始化主管对象
func NewDirector(builder Builder) Director {
    return Director{builder}
}

//通过一系列步骤生成产品对象
func (d *Director) Construct() {
    d.builder.Build()
}
```

（4）创建客户端。客户端会同时创建生成器对象和主管对象，首先，将生成器对象传递给主管对象；然后，客户端调用主管对象生成产品对象的方法；最后，主管对象使用生成器对象完成后续所有生成产品对象的任务。示例代码如下：

```go
package main

import (
    "fmt"
    "github.com/shirdonl/goDesignPattern/chapter2/builder/example"
)

func main() {
    builder := example.NewConcreteBuilder()
    director := example.NewDirector(&builder)
```

```
    director.Construct()
    product := builder.GetResult()
    fmt.Println(product)
}
//{true}
```

2.4.2　Go 语言实战

本实战主要介绍如何使用生成器模式生产 MPV 和 SUV 两种类型的汽车。假设我们准备生产 MPV 和 SUV 两种类型的汽车。在下方的代码中，我们可以看到 MpvBuilder 汽车生成器与 SuvBuilder 汽车生成器可以建造不同类型汽车，即 MPV 类型汽车和 SUV 类型汽车。每种汽车类型的建造步骤都是相同的。主管（可选）类可以对建造过程进行组织。本实战的 UML 类图如图 2-7 所示。

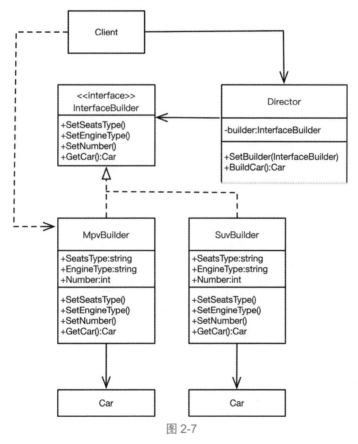

图 2-7

（1）定义生成器接口 InterfaceBuilder 和用于获取生成器对象的函数 GetBuilder()，代码如下：

```go
//生成器接口
type InterfaceBuilder interface {
    SetSeatsType()
    SetEngineType()
    SetNumber()
    GetCar() Car
}

//获取生成器对象
func GetBuilder(BuilderType string) InterfaceBuilder {
    if BuilderType == "mpv" {
        return &MpvBuilder{}
    }

    if BuilderType == "suv" {
        return &SuvBuilder{}
    }
    return nil
}
```

（2）定义具体生成器类。

①定义 MPV 生成器类 MpvBuilder，并且定义相应的方法，代码如下：

```go
//MPV 生成器类
type MpvBuilder struct {
    SeatsType string
    EngineType  string
    Number      int
}

func NewMpvBuilder() *MpvBuilder {
    return &MpvBuilder{}
}

func (b *MpvBuilder) SetSeatsType() {
    b.SeatsType = "MPV 型座椅"
}

func (b *MpvBuilder) SetEngineType() {
    b.EngineType = "MPV 型引擎"
}
```

```go
func (b *MpvBuilder) SetNumber() {
    b.Number = 8
}

func (b *MpvBuilder) GetCar() Car {
    return Car{
        EngineType:  b.EngineType,
        SeatsType: b.SeatsType,
        Number:      b.Number,
    }
}
```

②定义 SUV 生成器类 SuvBuilder，并且定义相应的方法，代码如下：

```go
//SUV 生成器类
type SuvBuilder struct {
    SeatsType string
    EngineType   string
    Number      int
}

func newSuvBuilder() *SuvBuilder {
    return &SuvBuilder{}
}

func (b *SuvBuilder) SetSeatsType() {
    b.SeatsType = "SUV 型座椅"
}

func (b *SuvBuilder) SetEngineType() {
    b.EngineType = "SUV 型引擎"
}

func (b *SuvBuilder) SetNumber() {
    b.Number = 6
}

func (b *SuvBuilder) GetCar() Car {
    return Car{
        EngineType:  b.EngineType,
        SeatsType: b.SeatsType,
        Number:      b.Number,
    }
}
```

（3）定义汽车产品类 Car，代码如下：

```go
type Car struct {
```

```
    SeatsType string
    EngineType   string
    Number       int
}
```

（4）定义主管类，并且定义 SetBuilder()方法和 BuildCar()方法，代码如下：

```
//主管类
type Director struct {
    Builder InterfaceBuilder
}

func NewDirector(b InterfaceBuilder) *Director {
    return &Director{
        Builder: b,
    }
}

func (d *Director) SetBuilder(b InterfaceBuilder) {
    d.Builder = b
}

func (d *Director) BuildCar() Car {
    d.Builder.SetEngineType()
    d.Builder.SetSeatsType()
    d.Builder.SetNumber()
    return d.Builder.GetCar()
}
```

（5）创建客户端，代码如下：

```
package main

import (
    "fmt"
    "github.com/shirdonl/goDesignPattern/chapter2/builder/actualCombat"
)

func main() {
    //声明 MPV 生成器对象
    MpvBuilder := actualCombat.GetBuilder("mpv")
    //声明 SUV 生成器对象
    SuvBuilder := actualCombat.GetBuilder("suv")

    //声明主管对象
    Director := actualCombat.NewDirector(MpvBuilder)
    //生产 MPV 类型的汽车
    mpvCar := Director.BuildCar()
```

```
    fmt.Printf("MPV 类型引擎：%s\n", mpvCar.EngineType)
    fmt.Printf("MPV 类型座椅：%s\n", mpvCar.SeatsType)
    fmt.Printf("MPV 类型数量：%d\n", mpvCar.Number)

    //设置生成器对象
    Director.SetBuilder(SuvBuilder)
    //生产 SUV 类型的汽车
    suvCar := Director.BuildCar()

    fmt.Printf("\nSUV 类型引擎：%s\n", suvCar.EngineType)
    fmt.Printf("SUV 类型座椅：%s\n", suvCar.SeatsType)
    fmt.Printf("SUV 类型数量：%d\n", suvCar.Number)
}
//$ go run main-actual-combat.go
//MPV 类型引擎：MPV 型引擎
//MPV 类型座椅：MPV 型座椅
//MPV 类型数量：8
//
//SUV 类型引擎：SUV 型引擎
//SUV 类型座椅：SUV 型座椅
//SUV 类型数量：6
```

本节完整代码见本书资源目录 chapter2/builder。

2.4.3　优缺点分析

1. 生成器模式的优点

- 在生成器模式中，产品内部组成的细节对客户端不可见，将产品的创建过程和产品解耦，使相同的创建过程可以创建不同的产品对象。
- 在生成器模式中，每个具体生成器都相对独立，因此可以十分方便地替换具体生成器或增加新的具体生成器，无须修改原有类库的代码，系统扩展方便，符合开闭原则（Open/Closed Principle，OCP），设计灵活性和代码可读性较高。
- 生成器模式可以将复杂产品的创建步骤分解在不同的方法中，使创建过程更清晰，更易于使用程序控制创建过程。

2. 生成器模式的缺点

- 使用生成器模式创建的产品组成部分都类似，如果不同产品之间的差异很大，如很多组成部分都不相同，则不适合使用生成器模式，因此其使用范围有限。
- 在生成器模式中，需要为不同类型的产品创建单独的具体生成器，因此代码量较大。如果系统比较大，则会增加系统的理解难度和运行成本。

2.5 原型模式

2.5.1 原型模式简介

1. 什么是原型模式

原型模式（Prototype Pattern）能够复制对象，并且代码不依赖对象所属的类。原型模式可以为开发者节省资源和时间，尤其在对象创建过程较复杂时。原型模式的 UML 类图如图 2-8 所示。

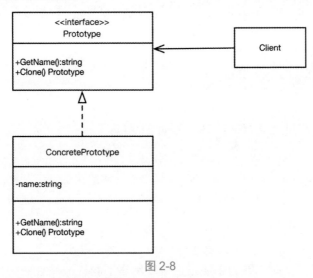

图 2-8

根据图 2-8 可知，原型模式的角色组成如下。

- 原型（Prototype）：声明 Clone()方法及其他方法的接口。
- 具体原型（ConcretePrototype）：实现原型接口的类，会实现 Clone()方法。除了将原始对象中的数据复制到克隆体中，Clone()方法有时还需要处理复制过程中的极端情况，如复制关联对象、梳理递归依赖等。
- 客户端（Client）：复制实现了原型接口的任意对象。

2. 原型模式的使用场景

- 如果开发者需要复制一些对象，并且希望代码独立于这些对象所属的具体类，则可以使用原型模式。

- 当开发者需要将应用程序中类的数量保持在最少时,如果子类之间的区别仅在于其对象的初始化方式,则可以使用原型模式减少子类的数量。
- 如果需要在运行时实例化类,并且客户端无须根据需求对子类进行实例化,只需找到合适的原型并对其进行复制,则可以使用原型模式。
- 原型模式为客户端提供了一个通用接口,客户端可以通过这个接口与所有克隆对象进行交互,并且使客户端与其复制对象的具体类相互独立。

3. 原型模式的实现方式

(1)定义原型接口,并且定义其克隆方法,如果开发者已经创建了一些类,则只需在这些类中添加该克隆方法,示例代码如下:

```
//原型接口
type Prototype interface {
    GetName() string
    Clone() Prototype
}
```

(2)定义具体原型类,并且实现原型接口中的方法,示例代码如下:

```
//具体原型类
type ConcretePrototype struct {
    name string
}

//返回具体原型的名称
func (p *ConcretePrototype) GetName() string {
    return p.name
}

//创建 ConcretePrototype 类的一个新克隆对象
func (p *ConcretePrototype) Clone() Prototype {
    return &ConcretePrototype{p.name}
}
```

(3)创建客户端,示例代码如下:

```
package main

import (
    "fmt"
    "github.com/shirdonl/goDesignPattern/chapter2/prototype/example"
)
```

```
func main() {
    cp := &example.ConcretePrototype{Name: "Shirdon"}
    cp.Clone()
    res := cp.GetName()
    fmt.Println(res)
}
//$ go run main.go
//Shirdon
```

除了以上的基本原型模式，开发者还可以创建一个中心化原型注册表，用于存储常用原型。开发者可以新建一个工厂类，使其实现注册表，注册表会对原型进行克隆，并且将复制生成的对象返回给客户端。限于篇幅，本书没有进一步实现，感兴趣的读者可以自行实现。

2.5.2 Go 语言实战

本实战通过创建基于操作系统的文件系统讲解原型模式。操作系统的文件系统是递归的：文件夹中可以包含文件和文件夹，内部嵌套的文件夹中也可以包含文件和文件夹，以此类推。操作系统的文件系统的 UML 类图如图 2-9 所示。

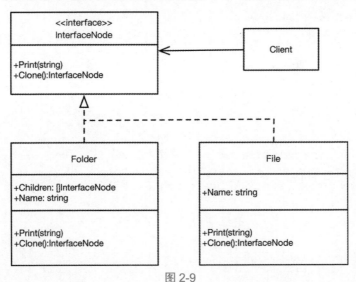

图 2-9

每个文件和文件夹都可以用一个名为 InterfaceNode 的接口表示。InterfaceNode 接口中包含打印方法 Print()和克隆方法 Clone()。文件类 File 和文件夹类 Folder 都实现了 Print()方法和 Clone()方法，因为这两个类都实现了 InterfaceNode 接口。

● 注意：

　　File 类和 Folder 类中的 Clone() 方法都会返回相应文件或文件夹的副本，并且在克隆过程中，会在其名称后面添加 "_Clone" 字样。

（1）定义原型接口 InterfaceNode，该接口中包含打印方法 Print() 和克隆方法 Clone()，代码如下：

```go
//原型接口
type InterfaceNode interface {
    Print(string)
    Clone() InterfaceNode
}
```

（2）定义具体原型类。

①定义文件类 File，并且实现 InterfaceNode 接口中的 Print() 方法和 Clone() 方法，代码如下：

```go
//文件类
type File struct {
    Name string
}

//打印方法
func (f *File) Print(indentation string) {
    fmt.Println(indentation + f.Name)
}

//克隆方法
func (f *File) Clone() InterfaceNode {
    return &File{Name: f.Name + "_Clone"}
}
```

②定义文件夹类 Folder，并且实现 InterfaceNode 接口中的 Print() 方法和 Clone() 方法，代码如下：

```go
//文件夹类
type Folder struct {
    Children []InterfaceNode
    Name     string
}

//打印方法
func (f *Folder) Print(indentation string) {
    fmt.Println(indentation + f.Name)
```

```go
    for _, i := range f.Children {
        i.Print(indentation + indentation)
    }
}

//克隆方法
func (f *Folder) Clone() InterfaceNode {
    CloneFolder := &Folder{Name: f.Name + "_Clone"}
    var tempChildren []InterfaceNode
    for _, i := range f.Children {
        copy := i.Clone()
        tempChildren = append(tempChildren, copy)
    }
    CloneFolder.Children = tempChildren
    return CloneFolder
}
```

（3）创建客户端，代码如下：

```go
package main

import (
    "fmt"
    "github.com/shirdonl/goDesignPattern/chapter2/prototype/actualCombat"
)

func main() {
    //声明文件对象 File1
    File1 := &actualCombat.File{Name: "File1"}
    //声明文件对象 File2
    File2 := &actualCombat.File{Name: "File2"}
    //声明文件对象 File3
    File3 := &actualCombat.File{Name: "File3"}

    //声明文件夹对象 Folder1
    Folder1 := &actualCombat.Folder{
        Children: []actualCombat.InterfaceNode{File1},
        Name:     "文件夹 Folder1",
    }

    //声明文件夹对象 Folder2
    Folder2 := &actualCombat.Folder{
        Children: []actualCombat.InterfaceNode{Folder1, File2, File3},
        Name:     "文件夹 Folder2",
    }
    fmt.Println("\n打印文件夹 Folder2 的层级:")
```

```
    Folder2.Print(" ")

    CloneFolder := Folder2.Clone()
    fmt.Println("\n打印复制文件夹 Folder2 的层级:")
    CloneFolder.Print(" ")
}
//$ go run main.go
//
//打印文件夹 Folder2 的层级:
//  文件夹 Folder2
//    文件夹 Folder1
//        File1
//    File2
//    File3
//
//打印复制文件夹 Folder2 的层级:
//  文件夹 Folder2_Clone
//    文件夹 Folder1_Clone
//        File1_Clone
//    File2_Clone
//    File3_Clone
```

本节完整代码见本书资源目录 chapter2/prototype。

2.5.3 优缺点分析

1. 原型模式的优点

- 在原型模式中，开发者通过向客户端注册原型实例，即可将新的具体原型类合并到系统中，比其他设计模式更灵活，因为客户端可以在运行时添加和删除具体原型对象。
- 原型模式可以通过改变值指定新对象。
- 原型模式可以通过改变结构指定新对象。许多应用程序会从部分和子部分开始构建对象，为方便起见，这类应用程序通常允许开发者实例化复杂的用户自定义结构。
- 原型模式可以减少子类。工厂方法模式通常会产生与产品类层次结构相同的创建者类层次结构。原型模式允许开发者复制原型，不要求创建新对象，因此开发者不需要创建者类层次结构。

2．原型模式的缺点

- 原型模式向客户端隐藏了具体的产品类别。
- 当克隆的类已经存在时，原型接口的每个子类都必须实现 Clone()方法。当克隆的类内部包含不支持复制或具有循环引用的对象时，实现 Clone()方法可能会非常困难。

2.6　对象池模式

2.6.1　对象池模式简介

1．什么是对象池模式

在对象池模式（Object Pool Pattern）中，对象被预先初始化并存储于对象池中。当需要时，客户端可以从对象池中请求一个对象并使用，然后将其返回对象池中。

对象池模式可以减少频繁创建对象造成的资源浪费。例如，在通常情况下，对象在被创建后就被放入对象池，后续的查询请求使用的都是对象池中的对象，可以加快查询速度。简而言之，在对象池模式中，程序在一开始就创建了一批可用对象备用。对象池模式的 UML 类图如图 2-10 所示。

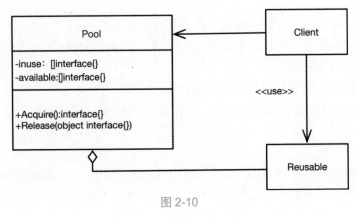

图 2-10

根据图 2-10 可知，对象池模式的角色组成如下。

- 对象池（Pool）：对象池模式中最重要的类，主要用于维护可用对象的列表和已从对象池中请求的对象集合。
- 客户端（Client）：调用对象池中被池化的对象。
- 可重用池（Reusable）：可重用池是用于判断对象池是否可重用的类，被客户端消费使用，用于判断对象池是否可被重用。

2. 对象池模式的使用场景

- 当系统资源受限时，如 CPU 性能不强、内存紧张、垃圾回收会造成较大影响等，如果需要提高内存管理效率，则可以使用对象池模式。
- 当开发者需要创建大量的对象时，可以使用对象池模式。以数据库连接为例，由于连接对象的过程涉及网络调用，连接对象的创建成本较高，因此适合使用对象池模式。
- 当对象是不可变对象时，可以使用对象池模式。再次以数据库连接为例，连接对象是一个不可变对象，几乎不需要更改它的属性。
- 当需要提升性能时，可以使用对象池模式。预创建对象可以显著提升应用程序的性能。
- 当开发者需要在短时间内连续创建和销毁大量对象时，可以使用对象池模式。
- 当开发者需要使用相似的对象，而不是不加选择地、不受控制地初始化一个新对象时，可以使用对象池模式。

3. 对象池模式的实现方式

Go 语言的 sync.Pool 包实现了对象池，但是其目的是优化垃圾收集（Garbage Collection，GC）机制。sync.Pool 包实现的对象池中存储的对象随时都有可能被垃圾收集器回收，感兴趣的读者可以自行了解该包的使用方法。本节主要介绍对象池模式。对象池模式主要用于根据需求预先创建和存储多个对象，其实现方式如下。

（1）创建对象池类，示例代码如下：

```go
//对象池类
type Pool struct {
    sync.Mutex
    Inuse     []interface{}
    Available []interface{}
    new       func() interface{}
}
```

```
//创建一个新对象池
func NewPool(new func() interface{}) *Pool {
    return &Pool{new: new}
}
```

（2）从对象池中获取要使用的对象，如果没有可用的对象，则创建一个新对象，示例代码如下：

```
func (p *Pool) Acquire() interface{} {
    p.Lock()
    var object interface{}
    if len(p.Available) != 0 {
        object = p.Available[0]
        p.Available = append(p.Available[:0], p.Available[1:]...)
        p.Inuse = append(p.Inuse, object)
    } else {
        object = p.new()
        p.Inuse = append(p.Inuse, object)
    }
    p.Unlock()
    return object
}
```

（3）将对象返回对象池中，示例代码如下：

```
func (p *Pool) Release(object interface{}) {
    p.Lock()
    p.Available = append(p.Available, object)
    for i, v := range p.Inuse {
        if v == object {
            p.Inuse = append(p.Inuse[:i], p.Inuse[i+1:]...)
            break
        }
    }
    p.Unlock()
}
```

（4）创建客户端，示例代码如下：

```
package main

import (
    "fmt"
    "github.com/shirdonl/goDesignPattern/chapter2/objectPool/example"
)

func main() {
```

```
    num := func() interface{} {
        return 10.0
    }
    pool := example.NewPool(num)
    object :=pool.Acquire()

    fmt.Println(pool.Inuse)
    fmt.Println(pool.Available)

    pool.Release(object)
    fmt.Println(pool.Inuse)
    fmt.Println(pool.Available)
}
//$ go run main.go
//[10]
//[]
//[]
//[10]
```

2.6.2　Go 语言实战

本实战主要用于演示 Go 语言的对象池模式的使用方法，让读者加深对对象池模式的理解。初始化一个指定大小的资源池（并发初始化），用于避免通过通道的资源竞争问题，并且在资源池为空的情况下设置获取超时处理，用于防止客户端等待太久。

（1）定义资源及相关变量，并且初始化资源，代码如下：

```
package actualCombat

import (
    "errors"
    "log"
    "math/rand"
    "sync"
    "time"
)

const getResMaxTime = 3 * time.Second

var (
    ErrPoolNotExist = errors.New("pool not exist")
    ErrGetResTimeout = errors.New("get resource time out")
```

```
)

//资源类
type Resource struct {
    resId int
}

//初始化资源对象
//模拟缓慢的资源访问，如 TCP 连接等
func NewResource(id int) *Resource {
    time.Sleep(500 * time.Millisecond)
    return &Resource{resId: id}
}
//模拟资源耗时
func (r *Resource) Do(workId int) {
    time.Sleep(time.Duration(rand.Intn(5)) * 100 * time.Millisecond)
    log.Printf("using resource #%d finished work %d finish\n", r.resId,
workId)
}
```

（2）创建一个指定大小的对象池，并且定义创建对象池的方法，用于并发创建一个指定大小的对象池，代码如下：

```
//创建一个指定大小的对象池
type Pool chan *Resource

//并发创建一个指定大小的对象池
//并发创建资源对象，节省资源对象的初始化时间
func New(size int) Pool {
    p := make(Pool, size)
    wg := new(sync.WaitGroup)
    wg.Add(size)
    for i := 0; i < size; i++ {
        go func(resId int) {
            p <- NewResource(resId)
            wg.Done()
        }(i)
    }
    wg.Wait()
    return p
}
```

（3）基于通道获取对象池中的资源对象，避免资源竞争问题，如果是空池，则需要设置资源对象获取超时，代码如下：

```
func (p Pool) GetResource() (r *Resource, err error) {
```

```
select {
case r := <-p:
    return r, nil
case <-time.After(getResMaxTime):
    return nil, ErrGetResTimeout
}
}
```

（4）将资源对象返回对象池中，代码如下：

```
func (p Pool) GiveBackResource(r *Resource) error {
    if p == nil {
        return ErrPoolNotExist
    }
    p <- r
    return nil
}
```

（5）创建客户端，模拟 100 个并发进程从对象池中获取资源对象，代码如下：

```
package main

import (
    "github.com/shirdonl/goDesignPattern/chapter2/objectPool/actualCombat"
    "log"
    "sync"
)

func main() {
    //初始化一个包含5个资源对象的对象池,
    //可以调整为1或10以查看差异
    size := 5
    p := actualCombat.New(size)

    //调用对象池
    doWork := func(workId int, wg *sync.WaitGroup) {
        defer wg.Done()
        //从对象池中获取资源对象
        res, err := p.GetResource()
        if err != nil {
            log.Println(err)
            return
        }
        //返回的资源对象
        defer p.GiveBackResource(res)
        //使用资源对象处理工作
        res.Do(workId)
```

```
    }

    //模拟 100 个并发进程从对象池中获取资源对象
    num := 100
    wg := new(sync.WaitGroup)
    wg.Add(num)
    for i := 0; i < num; i++ {
        go doWork(i, wg)
    }
    wg.Wait()
}
//$ go run main-actual-combat.go
//2022/06/04 16:38:39 using resource #1 finished work 3 finish
//2022/06/04 16:38:39 using resource #0 finished work 5 finish
//2022/06/04 16:38:39 using resource #0 finished work 8 finish
//2022/06/04 16:38:39 using resource #0 finished work 12 finish
//2022/06/04 16:38:39 using resource #3 finished work 9 finish
//2022/06/04 16:38:39 using resource #3 finished work 11 finish
//2022/06/04 16:38:39 using resource #2 finished work 1 finish
//...省略更多记录
```

2.6.3　优缺点分析

1. 对象池模式的优点

- 对象池模式有助于提高应用程序的整体性能。对象池模式可以重复利用对象池中的对象，因此在创建对象、销毁对象时可以减少内存、CPU 和网络的开销，缓解资源压力。
- 对象池模式有助于在某些情况下提高新对象的初始化速度。
- 对象池模式有助于更好地管理连接，并且提供重用和共享这些连接的方法。
- 对象池模式有助于限制对象的最大创建数量。

2. 对象池模式的缺点

- 对象池模式会增加分配/释放对象的资源开销。
- 对象池中的对象数量是有限的，可能会成为一个可伸缩性瓶颈。
- 将对象返回对象池中的操作完全依赖于客户端，如果客户端忘记将对象返回对象池中，那么其他组件在需要时将无法使用该对象。
- 将多个对象长期存储于对象池中而不销毁它们，或多或少会消耗系统资源。

- 对象池中的对象数量有限制，因此设置合适的对象数量比较难，如果对象数量过少，则不能充分发挥对象池的作用；如果对象数量过多，则会占用大量的内存资源。

2.7　回顾与启示

本章讲解了单例模式、工厂方法模式、抽象工厂模式、生成器模式、原型模式、对象池模式共 6 种创建型设计模式的基本原理和 Go 语言实战，可以帮助读者更好地从实战中学习 Go 语言设计模式的方法和技巧。

第 3 章

结构型设计模式

结构型设计模式包括组合模式、适配器模式、桥接模式、装饰器模式、外观模式、享元模式和代理模式。

3.1　组合模式

3.1.1　组合模式简介

1. 什么是组合模式

组合模式（Composite Pattern）是指将一组相似的对象当作一个单一对象的设计模式。

组合模式描述了一组对象，这些对象被视为相同类型对象的单个实例。组合模式可以将对象组合成树形结构，从而表示部分或整体的层次结构。

组合模式允许开发者拥有一个树形结构，并且要求树形结构中的每个节点都执行一项任务。组合模式的主要功能是在整个树形结构中递归调用方法并对结果进行汇总。

组合模式的树形结构图如图 3-1 所示。

根据图 3-1 可知，组合模式的角色组成如下。

- 组件（Component）：组合中的对象声明接口，主要用于访问和管理其子组件。组件会酌情为所有类通用的接口实现默认行为。
- 叶节点（Leaf）：定义组合中原始对象行为的类。叶节点表示组合中的叶对象。
- 组合（Composite）：又称为容器（Container），存储子组件并在组件接口中实现与子组件有关操作的类。
- 客户端（Client）：客户端可以通过组件接口操作组合中的对象，以及与树形结构中的所有项目交互。

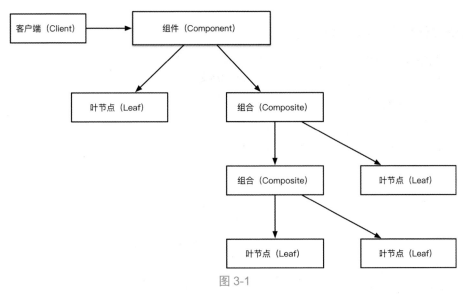

图 3-1

组合不知道其子项目所属的具体类，它只通过通用的组件接口与其子项目交互。组合在收到请求后会将工作分配给自己的子项目，然后处理中间结果，最后将最终结果返回给客户端。组合模式的 UML 类图如图 3-2 所示。

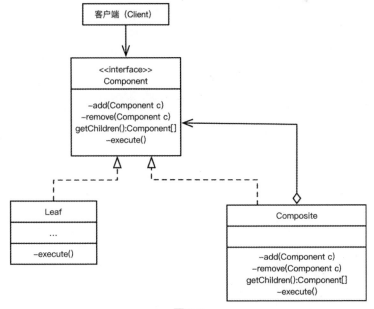

图 3-2

2. 组合模式的使用场景

组合模式是应树形结构而生的，常见的使用场景如下。

- 当客户需要忽略组合对象和单个对象之间的差异时，可以使用组合模式。如果开发者以相同的方式使用多个对象，并且用几乎相同的代码处理每个对象，那么使用组合模式是一个不错的选择。
- 如果需要实现树形结构，则可以使用组合模式。只需要通过请求树的顶层对象，就可以对整棵树进行统一操作。在组合模式中，添加和删除树的节点非常方便，并且遵循开闭原则，如命令分发、多级目录呈现等树形结构数据操作。
- 如果开发者希望客户端以统一的方式处理简单或复杂的元素，则可以使用组合模式。

3. 组合模式的实现方式

在使用组合模式前，需要先确保应用程序的核心模型能够以树形结构表示。组合模式的实现方式如下。

（1）定义组件接口，示例代码如下：

```
//组件接口
type Component interface {
    Execute()
}
```

（2）定义一个叶节点类，用于表示简单元素，并且定义叶节点类的相关方法。程序中可以有多个不同的叶节点类。示例代码如下：

```
//叶节点类，主要用于描述树形结构中的原始叶节点对象
type Leaf struct {
    value int
}

//创建一个新的叶节点对象
func NewLeaf(value int) *Leaf {
    return &Leaf{value}
}

//打印叶节点对象的值
func (l *Leaf) Execute() {
    fmt.Printf("%v ", l.value)
}
```

（3）定义一个组合类，用于表示复杂元素。在该类中，创建一个数组成员变量，用于存储对其子元素的引用。该数组必须能够同时存储叶节点和组合，因此需要确保将其声明为组件接口类型。在实现组件接口中的方法时，组合应该将大部分工作交给其子元素完成。

```go
//组合类
type Composite struct {
    children []Component
}

//创建一个新的组合对象
func NewComposite() *Composite {
    return &Composite{make([]Component, 0)}
}
```

（4）在组合类中定义添加或删除子元素的方法。这些操作可以在组件接口中声明，但会违反接口隔离原则（Interface Segregation Principle，ISP），因为叶节点类中的这些方法为空。

> **提示：**
>
> 接口隔离原则要求开发者尽量将臃肿庞大的接口拆分成更小、更具体的接口，使接口中只包含客户端感兴趣的方法。

将一个新组件添加到组合中，并且遍历组合子对象，示例代码如下：

```go
//将一个新组件添加到组合中
func (c *Composite) Add(component Component) {
    c.children = append(c.children, component)
}

//遍历组合子对象
func (c *Composite) Execute() {
    for i := 0; i < len(c.children); i++ {
        c.children[i].Execute()
    }
}
```

（5）创建客户端，示例代码如下：

```go
package main

import "github.com/shirdonl/goDesignPattern/chapter3/composite/example"
```

```
func main() {
    composite := example.NewComposite()
    leaf1 := example.NewLeaf(99)
    composite.Add(leaf1)
    leaf2 := example.NewLeaf(100)
    composite.Add(leaf2)
    leaf3 := example.NewComposite()
    composite.Add(leaf3)
    composite.Execute()
}
//$ go run main.go
//99 100
```

3.1.2　Go 语言实战

假设开发者正在开发一个文件存储系统，系统中有两类对象，分别是文件和文件夹。一个文件夹中可以包含多个文件或文件夹，这些内嵌文件夹中同样可以包含多个文件或文件夹，以此类推。在这种情况下，开发者要如何计算每个用户存储的文件的总数量和总存储空间大小呢？

可以尝试采用直接计算方法：打开所有文件夹，找到每个文件，然后计算出文件的总数量和总存储空间大小。

那么如何设计方法呢？对于一个文件，该方法会直接返回其存储空间大小；对于一个文件夹，该方法会遍历文件夹中的所有文件，计算每个文件的存储空间大小，然后返回该文件夹的总存储空间大小，以此类推，直到计算出所有子文件夹中的所有文件的总存储空间大小。

对大部分需要生成树形结构的问题来说，组合模式都是非常受欢迎的解决方案。组合模式的主要功能是在整个树形结构上递归调用直接计算方法并对计算结果进行汇总。

在某些情况下，文件和文件夹可以被视为相同的对象，此时，就可以使用组合模式了。

假设开发者需要在文件系统中搜索特定的关键词，这个搜索操作需要同时作用于文件和文件夹上，对于文件，该搜索操作只会查看文件中的内容；对于文件夹，该搜索操作会在其内部的所有文件中查找关键词。本实战的 UML 类图如图 3-3 所示。

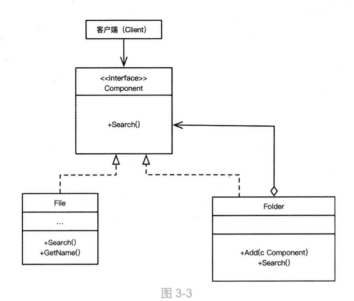

图 3-3

（1）定义叶节点类 File，并且实现 Component 接口中的 Search()方法，代码如下：

```go
package pkg

import "fmt"

type File struct {
    Name string
}

func (f *File) Search(keyword string) {
    fmt.Printf("在文件%s中递归搜索关键%s \n", f.Name, keyword)
}

func (f *File) GetName() string {
    return f.Name
}
```

（2）定义组合类 Folder，代码如下：

```go
package pkg

import "fmt"

type Folder struct {
    Components []Component
    Name       string
}
```

```
func (f *Folder) Search(keyword string) {
    fmt.Printf("在文件夹%s 中递归搜索关键%s \n", f.Name, keyword)
    for _, composite := range f.Components {
        composite.Search(keyword)
    }
}

func (f *Folder) Add(c Component) {
    f.Components = append(f.Components, c)
}
```

（3）定义组件接口 Component，该接口中定义了 Search()方法，代码如下：

```
package pkg

type Component interface {
    Search(string)
}
```

（4）创建客户端，代码如下：

```
package main

import (
    "github.com/shirdonl/goDesignPattern/chapter3/composite/pkg"
)

func main() {
    File1 := &pkg.File{Name: "File1"}
    File2 := &pkg.File{Name: "File2"}
    File3 := &pkg.File{Name: "File3"}

    Folder1 := &pkg.Folder{
        Name: "Folder1",
    }

    Folder1.Add(File1)

    Folder2 := &pkg.Folder{
        Name: "Folder2",
    }
    Folder2.Add(File2)
    Folder2.Add(File3)
    Folder2.Add(Folder1)

    Folder2.Search("keyword")
```

```
}
//$ go run main-actual-combat.go
//在文件夹 Folder2 中递归搜索关键 keyword
//在文件 File2 中递归搜索关键 keyword
//在文件 File3 中递归搜索关键 keyword
//在文件夹 Folder1 中递归搜索关键 keyword
//在文件 File1 中递归搜索关键 keyword
```

本节完整代码见本书资源目录 chapter3/composite。

3.1.3　优缺点分析

1. 组合模式的优点

● 开发者无须了解构成树形结构的对象的具体类，也无须了解对象是简单的文件，还是复杂的文件夹，只需调用通用接口中的方法，并且以相同的方式对其进行处理。在开发者调用该方法后，对象会将请求沿着树形结构传递下去。

● 客户端可以使用组件对象与复合结构中的对象进行交互。

● 如果调用的是叶节点对象，则直接处理请求。

● 如果调用的是组合对象，那么组合模式会将请求转发给它的子组件。

2. 组合模式的缺点

● 组合模式一旦定义了树形结构，复合设计就会使树过于笼统。

● 在特定情况下，组合模式很难将树的组件限制为特定类型。

● 为了强制执行这种约束，程序必须依赖运行时检查，因为组合模式不能使用编程语言的类型系统。

3.2　适配器模式

3.2.1　适配器模式简介

1. 什么是适配器模式

适配器模式（Adapter Pattern）是指将一个类的接口转换成客户端希望的另一个

接口，使原本因接口不兼容而不能一起工作的类可以一起工作。

适配器模式分为对象适配器模式和类适配器模式。类适配器模式的类之间的耦合度比对象适配器模式的类之间的耦合度高，并且要求开发者了解现有组件库中相关组件的内部结构，所以其使用场景相对较少。适配器可以担任两个对象之间的封装器，它可以接收对一个对象的调用命令，并且将其转换为另一个对象可识别的格式和接口。

1）对象适配器模式

对象适配器模式的 UML 类图如图 3-4 所示。

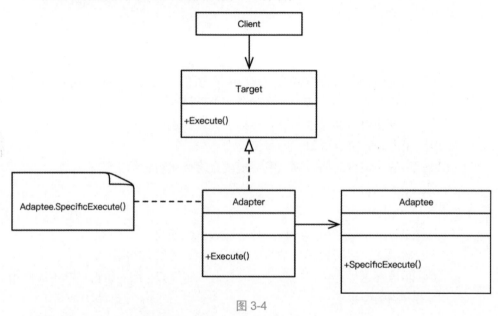

图 3-4

根据图 3-4 可知，对象适配器模式的角色组成如下。

- 目标（Target）：定义客户端所需的接口，可以是抽象类或接口，也可以是具体类。
- 适配器（Adapter）：适配器可以调用另一个接口，是一个转换器，主要用于对适配者类和目标接口进行适配，适配器类是适配器模式的核心，在对象适配器模式中，它通过继承目标接口并关联一个适配者对象，使二者产生联系。
- 适配者（Adaptee）：适配者是被适配的角色，它实现了一个已经存在的接口，这个接口需要适配，适配者类一般是一个具体类，包含客户端希望使用的业务方法，在某些情况下，没有适配者类的源代码。

2）类适配器模式

类适配器模式与对象适配器模式的不同之处在于，对象适配器模式通过关联完成适配，类适配器模式通过继承完成适配。类适配器模式的 UML 类图如图 3-5 所示。适配器类 Adapter 继承了适配者类 Adaptee（被适配类），同时实现了目标抽象接口 Target。

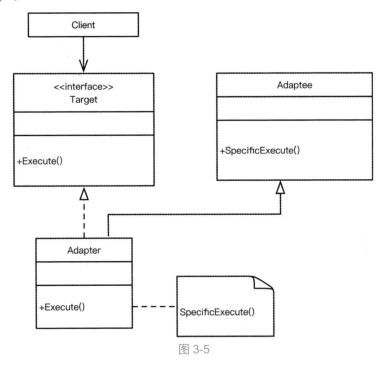

图 3-5

2. 适配器模式的使用场景

- 当开发者希望使用某个类，但是其接口与其他代码不兼容时，或者当开发者使用两个不兼容的系统、类或接口时，可以使用适配器模式。适配器模式使代码更简单、一致且易于推理。
- 当系统需要使用一些现有的类，而这些类的接口不符合系统的要求，甚至没有这些类的源代码时，可以使用适配器模式。
- 当开发者需要创建一个可以重复使用的类，用于与一些彼此之间没有太大关联的类（包括一些可能在将来引入的类）一起工作时，适配器模式绝对是一个不错的选择。

3. 适配器模式的实现方式

1）对象适配器模式实战

（1）定义目标抽象接口，示例代码如下：

```
//目标接口
type ObjectTarget interface {
    Execute()
}
```

（2）定义适配者类及其方法，示例代码如下：

```
//适配者类
type ObjectAdaptee struct {
}

//适配者类的方法
func (b *ObjectAdaptee) SpecificExecute() {
    fmt.Println("最终执行的方法")
}
```

（3）定义适配器类，并且实现目标接口中的所有方法。适配器会将实际工作委派给服务对象，自身只负责接口或数据格式的转换。需要注意的是，ObjectAdapter 将 ObjectAdaptee 作为一个成员属性，并非继承它。示例代码如下：

```
//适配器类
type ObjectAdapter struct {
    Adaptee ObjectAdaptee
}
//适配器类的方法
func (p *ObjectAdapter) Execute() {
    p.Adaptee.SpecificExecute()
}
```

（4）创建客户端。客户端必须通过客户端接口使用适配器。这样一来，开发者就可以在不影响客户端代码的情况下修改或扩展适配器了。示例代码如下：

```
package main

import "github.com/shirdonl/goDesignPattern/chapter3/adapter/example"

func main() {
```

```
    //创建客户端
    adapter := example.ObjectAdapter{}
    adapter.Execute()
}
//$ go run main.go
//最终执行的方法
```

2）类适配器模式实战

（1）定义适配者类 Adaptee，示例代码如下：

```
//Adaptee 定义了需要被适配的类
type Adaptee struct {
}
```

（2）定义要适配的目标接口 Target，示例代码如下：

```
//Target 是要适配的目标接口
type Target interface {
    Execute()
}
```

（3）定义执行的方法 SpecificExecute()，示例代码如下：

```
//定义执行的方法 SpecificExecute()
func (a *Adaptee) SpecificExecute() {
    fmt.Println("最终执行的方法")
}
```

（4）定义适配器类 Adapter，使其实现 Target 接口，同时通过类嵌套使其继承 Adaptee 类，然后在实现的 Execute()方法中调用父类 Adaptee 的 SpecificExecute()方法，示例代码如下：

```
//Adapter 类是目标接口 Target 的适配器类，继承了 Adaptee 类
type Adapter struct {
    *Adaptee
}

//实现 Target 接口，同时继承 Adaptee 类
func (a *Adapter) Execute() {
    a.SpecificExecute()
}
```

（5）创建客户端，编写 main()函数进行测试，示例代码如下：

```
package main

import (
```

```
    "github.com/shirdonl/goDesignPattern/chapter3/adapter/pkg"
)

func main() {
    //创建客户端
    adapter := pkg.Adapter{}
    adapter.Execute()
}
//$ go run main.go
//最终执行的方法
```

本节完整代码见本书资源目录 chapter3/adapter。

3.2.2　Go 语言实战

有一个客户端，主要用于接收一个对象（Lightning 接口）的部分功能；还有一个名为 Adapter 的对象（Windows 笔记本类），可以通过不同的接口（USB 接口）实现相同的功能，这就是适配器模式发挥作用的场景。我们可以创建 Adapter 类，使其实现符合客户端期望的相同接口（Lightning 接口），并且对来自客户端的请求进行"翻译"。适配器能够接收来自 Lightning 接口的信息，并且将其转换成 USB 格式的信号，同时将信号传递给 Windows 笔记本的 USB 接口。

（1）创建计算机的客户端，用于将 Lightning 接口插入计算机。

①定义计算机接口，代码如下：

```
package actualCombat

//计算机接口
type Computer interface {
    ConvertToUSB()
}
```

②定义客户端类，用于将 Lightning 接口插入计算机，代码如下：

```
package actualCombat

import "fmt"

//客户端类
type Client struct {
}
```

```
//将 Lightning 接口插入计算机
func (c *Client) InsertIntoComputer(com Computer) {
    fmt.Println("客户端将 Lightning 接口插入计算机")
    com.ConvertToUSB()
}
```

（2）定义服务。

①定义 Mac 操作系统服务，代码如下：

```
package actualCombat

import "fmt"

//Mac 操作系统服务
type Mac struct {
}

//插入接口
func (m *Mac) ConvertToUSB() {
    fmt.Println("Lightning 接口已插入 Mac 计算机")
}
```

②定义 Windows 操作系统服务，代码如下：

```
package actualCombat

import "fmt"

//Windows 操作系统服务
type Windows struct{}

//将 USB 接口插入 Windows 计算机
func (w *Windows) InsertIntoUSB() {
    fmt.Println("USB 接口已插入 Windows 计算机")
}
```

（3）创建适配器，代码如下：

```
package actualCombat

import "fmt"

//Windows 操作系统适配器
type Adapter struct {
    WindowsMachine *Windows
}
```

```go
func (w *Adapter) ConvertToUSB() {
    fmt.Println("适配器将 Lightning 接口信号转换为 USB 信号")
    w.WindowsMachine.InsertIntoUSB()
}
```

（4）创建 main()函数，代码如下：

```go
package main

import "github.com/shirdonl/goDesignPattern/chapter3/adapter/actualCombat"

func main() {
    //创建客户端
    Client := &actualCombat.Client{}
    Mac := &actualCombat.Mac{}

    //客户端将 Lightning 接口插入 Mac 计算机
    Client.InsertIntoComputer(Mac)

    WindowsAdapter := &actualCombat.Windows{}
    WindowsAdapterAdapter := &actualCombat.Adapter{
        WindowsMachine: WindowsAdapter,
    }

    //客户端将 Lightning 接口插入 Windows 适配器
    Client.InsertIntoComputer(WindowsAdapterAdapter)
}
//$ go run main-actual-combat.go
//Lightning 接口已插入 Mac 计算机
//客户端将 Lightning 接口插入计算机
//适配器将 Lightning 接口信号转换为 USB 信号
//USB 接口已插入 Windows 计算机
```

本节完整代码见本书资源目录 chapter3/adapter。

3.2.3 优缺点分析

1. 适配器模式的优点

- 适配器模式可以将多个不同的适配者类适配到同一个目标接口，有助于提高可重用性和灵活性。

- 可以适配一个适配者类的子类，由于适配器类是适配者类的子类，因此可以在适配器类中置换一些适配者类的方法，使适配器类的灵活性更强。
- 客户端不会因为使用不同的接口而变得复杂，并且可以很方便地在适配器类的不同实现之间进行交换。

2. 适配器模式的缺点

- 在适配器模式中，要在适配器类中置换适配者类的某些方法不是很方便。如果一定要置换适配者类的一个或多个方法，则可以先定义一个适配者类的子类，将适配者类的方法置换掉，然后将适配者类的子类作为真正的适配者进行适配，实现过程较为复杂。
- 适配器模式的所有请求都会被转发，因此开销略有增加。

3.3　桥接模式

3.3.1　桥接模式简介

1. 什么是桥接模式

桥接模式（Bridge Pattern）是将实现类封装在接口或抽象类内部的设计模式。桥接模式将抽象部分与实现部分分离，使它们可以独立变化。它是用组合关系代替继承关系实现的，可以降低抽象部分和实现部分这两个可变维度的耦合度。桥接模式可以将业务逻辑或一个大类拆分为不同的层次结构，从而独立地进行开发。

层次结构中的第 1 层（抽象部分）中包含对第 2 层（实现部分）对象的引用。抽象部分可以将一些（有时是大部分）对自己的调用委派给实现部分的对象。所有的实现部分都有一个通用接口，因此它们能在抽象部分内部相互替换。

桥接模式的 UML 类图如图 3-6 所示。

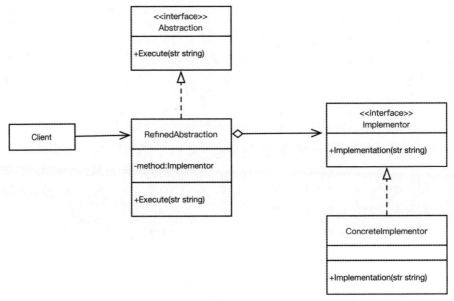

图 3-6

根据图 3-6 可知，桥接模式的角色组成如下。

- 抽象（Abstraction）：是一个接口或抽象类（本书使用的是接口），其中定义了一个实现接口（Implementor）类型的对象，并且可以维护该对象，抽象接口与实现接口之间具有关联关系。抽象接口中既可以包含抽象业务方法，又可以包含具体业务方法。
- 扩充抽象（RefinedAbstraction）：是用于扩充抽象接口的类。在通常情况下，扩充抽象类不是抽象类，而是具体类，它实现了在抽象接口中声明的抽象业务方法。在扩充抽象类中可以调用在实现接口中定义的业务方法。
- 实现（Implementor）：定义具体实现类的接口，这个接口不一定要与抽象接口完全一致，事实上这两个接口可以完全不同，在通常情况下，实现接口仅提供基本操作，而抽象接口可能会进行更多、更复杂的操作，实现接口对这些基本操作进行了声明，而具体实现交给其子类。通过关联关系，抽象接口中不仅有自己的方法，还可以调用实现接口中的方法，使用关联关系代替继承关系。
- 具体实现（ConcreteImplementor）：实现了实现接口的类，在不同的具体实现类中提供基本操作的不同实现方法，在程序运行时，具体实现对象会为抽象接口提供具体的业务操作方法。

- 客户端（Client）：主要用于调用扩充抽象类。客户端虽然只关心如何与抽象部分合作，但是仍然需要将抽象对象与一个实现对象连接起来。

2. 桥接模式的使用场景

- 如果开发者要拆分或重组一个具有多重功能的庞杂类（如能与多个数据库服务器进行交互的类），则可以使用桥接模式。桥接模式可以将庞杂类拆分为几个类层次结构，开发者可以修改任意一个类层次结构，并且不会影响其他类层次结构。这种方法可以简化代码的维护工作，并且将修改已有代码的风险降到最低。
- 如果开发者希望在几个独立维度上扩展一个类，则可以使用桥接模式。桥接模式建议将每个维度都抽取为独立的类层次结构。初始类将相关工作委派给属于对应类层次结构的对象，无须自己完成所有工作。
- 如果开发者需要在运行时切换不同的实现，则可以使用桥接模式。桥接模式可以替换抽象部分中的实现对象，具体操作与给成员变量赋新值一样简单。
- 如果开发者希望避免抽象部分与其实现方法之间的永久绑定，则可以使用桥接模式。
- 抽象部分及其实现方法都应该可以通过子类化扩展。在这种情况下，桥接模式允许开发者组合不同的抽象部分和实现方法，并且独立扩展它们。

3. 桥接模式的实现方式

（1）定义实现接口，并且在通用实现接口中声明抽象部分所需的业务，示例代码如下：

```go
//实现接口
type Implementor interface {
    Implementation(str string)
}
```

（2）定义具体实现类，示例代码如下：

```go
//具体实现类
type ConcreteImplementor struct{}

func (*ConcreteImplementor) Implementation(str string) {
    fmt.Printf("打印信息: [%v]", str)
}
```

```
//初始化具体实现对象
func NewConcreteImplementor() *ConcreteImplementor {
    return &ConcreteImplementor{}
}
```

（3）定义扩充抽象类及其方法。在扩充抽象类中添加指向实现接口的引用成员变量。抽象部分会将大部分工作委派给该成员变量所指向的实现对象。示例代码如下：

```
//扩充抽象类
type RefinedAbstraction struct {
    method Implementor
}

//扩充抽象类的方法
func (c *RefinedAbstraction) Execute(str string) {
    c.method.Implementation(str)
}

//初始化扩充抽象对象
func NewRefinedAbstraction(im Implementor) *RefinedAbstraction {
    return &RefinedAbstraction{method: im}
}
```

（4）创建客户端。客户端只需与抽象对象进行交互，无须和实现对象打交道。示例代码如下：

```
package main

import "github.com/shirdonl/goDesignPattern/chapter3/bridge/example"

func main() {
    concreteImplementor := example.NewConcreteImplementor()

    refinedAbstraction := example.
        NewRefinedAbstraction(concreteImplementor)
    refinedAbstraction.Execute("Hello Bridge~")
}
//$ go run main.go
//打印信息: [Hello Bridge~]
```

3.3.2 Go 语言实战

假设我们有两台计算机，分别是苹果计算机和 Windows 计算机；还有两台打印机，分别是联想（Lenovo）打印机和佳能（Canon）打印机。两台计算机和两台打印机可以任意组合使用。客户端无须担心如何将打印机连接至计算机的细节问题。在引入新的打印机后，为了不使代码量成倍增长，我们创建了两个层次结构。

- 抽象层：代表计算机。
- 实现层：代表打印机。

这两个层次结构可以通过桥接进行沟通，其中抽象层（计算机）中包含对实现层（打印机）的引用。抽象层和实现层均可以独立开发，不会相互影响。本实战的 UML 类图如图 3-7 所示。

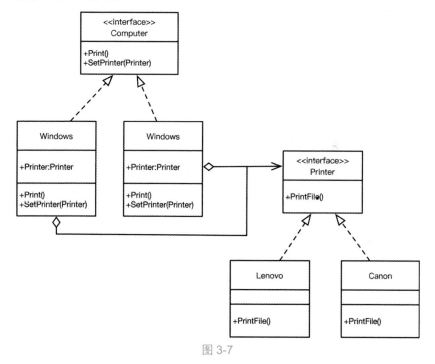

图 3-7

（1）定义抽象接口 Computer（计算机接口），代码如下：

```
//计算机接口
type Computer interface {
    Print()
    SetPrinter(Printer)
}
```

（2）定义扩充抽象类。

①定义苹果计算机类 Mac，定义 Print() 方法和 SetPrinter() 方法，代码如下：

```
//苹果计算机类
type Mac struct {
    Printer Printer
}

//打印
func (m *Mac) Print() {
    fmt.Println("Print request for Mac")
    m.Printer.PrintFile()
}

//设置打印机
func (m *Mac) SetPrinter(p Printer) {
    m.Printer = p
}
```

②定义 Windows 计算机类 Windows，定义 Print() 方法和 SetPrinter() 方法，代码如下：

```
//Windows 计算机类
type Windows struct {
    Printer Printer
}

//打印
func (w *Windows) Print() {
    fmt.Println("Print request for Windows")
    w.Printer.PrintFile()
}

//设置打印机
func (w *Windows) SetPrinter(p Printer) {
    w.Printer = p
}
```

（3）定义实现接口 Printer（打印机接口），代码如下：

```
//打印机接口
type Printer interface {
    PrintFile()
}
```

（4）定义具体实现类。

①定义佳能打印机类 Canon，代码如下：

```go
//佳能打印机类
type Canon struct {
}

//打印文件
func (p *Canon) PrintFile() {
    fmt.Println("Printing by a Canon Printer")
}
```

②定义联想打印机类 Lenovo，代码如下：

```go
//联想打印机类
type Lenovo struct {
}

//打印文件
func (p *Lenovo) PrintFile() {
    fmt.Println("Printing by a Lenovo Printer")
}
```

（5）创建客户端，代码如下：

```go
package main

import (
    "fmt"
    "github.com/shirdonl/goDesignPattern/chapter3/bridge/actualCombat"
)

func main() {
    //声明联想打印机对象
    lenovoPrinter := &actualCombat.Lenovo{}
    //声明佳能打印机对象
    canonPrinter := &actualCombat.Canon{}

    //声明苹果计算机对象
    macComputer := &actualCombat.Mac{}

    //苹果计算机对象使用 SetPrinter()方法设置联想打印机
    macComputer.SetPrinter(lenovoPrinter)
    macComputer.Print()
    fmt.Println()
```

```
    //苹果计算机对象使用 SetPrinter()方法设置佳能打印机
    macComputer.SetPrinter(canonPrinter)
    macComputer.Print()
    fmt.Println()

    //声明 Windows 计算机对象
    winComputer := &actualCombat.Windows{}

    //Windows 计算机对象使用 SetPrinter()方法设置联想打印机
    winComputer.SetPrinter(lenovoPrinter)
    winComputer.Print()
    fmt.Println()

    //Windows 计算机对象使用 SetPrinter()方法设置佳能打印机
    winComputer.SetPrinter(canonPrinter)
    winComputer.Print()
    fmt.Println()
}
//$ go run main-actual-combat.go
//Print request for Mac
//Printing by a Lenovo Printer
//
//Print request for Mac
//Printing by a Canon Printer
//
//Print request for Windows
//Printing by a Lenovo Printer
//
//Print request for Windows
//Printing by a Canon Printer
```

本节完整代码见本书资源目录 chapter3/bridge。

3.3.3　优缺点分析

1. 桥接模式的优点

- 桥接模式可以提高代码的可伸缩性，开发者在添加功能时无须担心破坏程序的其他部分。
- 当实体的数量基于两个概念的组合（如形状和颜色）时，桥接模式可以减少子类的数量。
- 桥接模式可以分别处理两个独立的层次结构——抽象和实现。两个不同的开发者可以在不深入研究彼此代码细节的情况下对程序进行修改。

- 桥接模式可以降低类之间的耦合度——两个类耦合的唯一地方是桥。

2. 桥接模式的缺点

- 根据具体情况和项目的整体结构，桥接模式可能会对程序的性能产生负面影响。
- 由于需要在两个类之间切换，因此桥接模式会使代码的可读性降低。

3.4　装饰器模式

3.4.1　装饰器模式简介

1. 什么是装饰器模式

装饰器模式（Decorator Pattern）是指在不改变现有对象结构的情况下，动态地给该对象增加一些职责（增加额外功能）的设计模式，它属于对象结构型设计模式。

装饰器模式会创建一个装饰器类，包装原始类并提供额外的功能，使类方法签名保持不变。

装饰器模式的 UML 类图如图 3-8 所示。

根据图 3-8 可知，装饰器模式的角色组成如下。

- 组件（Component）：定义一个接口，用于规范准备接收附加责任的对象。
- 具体组件（ConcreteComponent）：实现组件接口的类，通过装饰器为其添加一些职责。
- 装饰器（Decorator）：是一个包含具体组件对象的类，可以通过其子类扩展具体组件的功能。
- 具体装饰器（ConcreteDecorator）：实现装饰器类的相关方法，并且给具体组件对象添加附加的职责。
- 客户端（Client）：可以使用多层装饰器封装组件，前提是它能使用通用接口与所有对象交互。

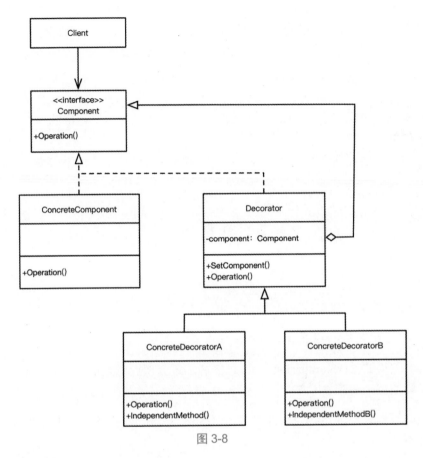

图 3-8

2. 装饰器模式的使用场景

- 如果开发者希望在不修改代码的情况下使用对象,并且在运行时为对象添加额外的功能,则可以使用装饰器模式。
- 装饰器模式可以将业务逻辑按照层次结构进行分类,开发者可以为每个分类创建一个装饰器,并且将不同的装饰器组合起来。由于这些对象都可以与通用接口交互,因此客户端能以相同的方式使用这些对象。
- 如果通过继承扩展对象行为的方案难以实现或根本不可行,则可以使用装饰器模式。

3. 装饰器模式的实现方式

在使用装饰器模式前,先确保业务逻辑可以用一个基本组件及多个额外的可选层次结构表示。

（1）找出基本组件和可选层次结构的通用方法，定义一个组件接口并在其中声明这些方法，示例代码如下：

```go
//组件接口
type Component interface {
    Operation()
}
```

（2）定义具体组件类及其方法，示例代码如下：

```go
//具体组件类
type ConcreteComponent struct {
}

//具体组件类的方法
func (c *ConcreteComponent) Operation() {
    fmt.Println("具体的对象开始操作...")
}
```

（3）定义装饰器类及其方法，这些方法包括一个设置组件方法 SetComponent() 和一个装饰方法 Operation()。示例代码如下：

```go
//装饰器类
type Decorator struct {
    component Component
}

//设置组件方法
func (d *Decorator) SetComponent(c Component) {
    d.component = c
}

//装饰方法
func (d *Decorator) Operation() {
    if d.component != nil {
        d.component.Operation()
    }
}
```

（4）将装饰器类扩展为具体装饰器类。具体装饰器类必须在调用父类方法（通常委派给被封装对象）之前或之后执行自身的方法。示例代码如下：

```go
//具体装饰器类 DecoratorA
type DecoratorA struct {
    Decorator
```

```
}

//具体装饰器类 DecoratorA 的方法
func (d *DecoratorA) Operation() {
    d.component.Operation()
    d.IndependentMethod()
}
//具体装饰器类 DecoratorA 的拓展方法
func (d *DecoratorA) IndependentMethod() {
    fmt.Println("装饰器 A 的拓展方法~")
}

//具体装饰器类 DecoratorB
type DecoratorB struct {
    Decorator
}

//具体装饰器类 DecoratorB 的方法
func (d *DecoratorB) Operation() {
    d.component.Operation()
    fmt.Println(d.String())
}

//具体装饰器类 DecoratorB 的拓展方法
func (d *DecoratorB) String() string {
    return "装饰器 B 的拓展方法~"
}
```

（5）创建客户端。客户端主要负责创建具体装饰器对象并将其组合成客户端所需的形式，示例代码如下：

```
package main

import "github.com/shirdonl/goDesignPattern/chapter3/decorator/example"

func main() {
    concreteComponent := &example.ConcreteComponent{}
    decoratorA := &example.DecoratorA{}
    decoratorB := &example.DecoratorB{}
    decoratorA.SetComponent(concreteComponent)
    decoratorB.SetComponent(decoratorA)
    decoratorB.Operation()
}
//$ go run main.go
//具体的对象开始操作...
//装饰器 A 的拓展方法~
//装饰器 B 的拓展方法~
```

3.4.2　Go 语言实战

假设一个工厂代工生产苹果和小米两种手机。两种手机都由很多相同或不同的零部件组成。本实战需要开发一个软件，用于计算一部手机的价格。由于两种手机既有相同的零部件，又有不同的零部件，因此为了方便扩展，并且尽量少得修改代码，可以使用装饰器模式实现。

本实战的 UML 类图如图 3-9 所示。

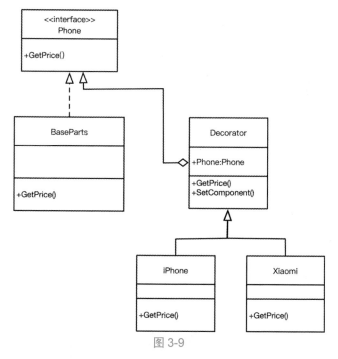

图 3-9

（1）定义手机零件接口 Phone，代码如下：

```go
type Phone interface {
    GetPrice() float32
}
```

（2）定义基础零件类，代码如下：

```go
//基础零件类
type BaseParts struct {
}

//获取基础零件的价格
func (p *BaseParts) GetPrice() float32 {
```

```
        return 2000
}
```

（3）定义装饰器类及其方法，代码如下：

```
package actualCombat

//装饰器类
type Decorator struct {
    Phone Phone
}

//装饰器设置组件的方法
func (d *Decorator) SetComponent(c Phone) {
    d.Phone = c
}

//装饰器类的方法
func (d *Decorator) GetPrice() {
    if d.Phone != nil {
        d.Phone.GetPrice()
    }
}
```

（4）定义具体装饰器类。

①定义苹果手机类 IPhone，代码如下：

```
type IPhone struct {
    Phone Phone
}

//获取 IPhone 的价格
func (c *IPhone) GetPrice() float32 {
    phonePrice := c.Phone.GetPrice()
    return phonePrice + 6000
}
```

②定义小米手机类 Xiaomi，代码如下：

```
type Xiaomi struct {
    Phone Phone
}

//获取小米手机的价格
func (c *Xiaomi) GetPrice() float32 {
    phonePrice := c.Phone.GetPrice()
    return phonePrice + 1000
}
```

（5）创建客户端，代码如下：

```go
package main

import (
    "fmt"
    "github.com/shirdonl/goDesignPattern/chapter3/decorator/
actualCombat"
)

func main() {
    //声明具体零件对象
    phone := &actualCombat.BaseParts{}
    fmt.Printf("基础零件的价格为: %f\n", phone.GetPrice())

    //添加 IPhone 手机
    iPhone := &actualCombat.IPhone{
    }
    iPhone.SetComponent(phone)
    fmt.Printf("苹果的价格为: %f\n", iPhone.GetPrice())

    //添加 Xiaomi 手机
    xiaomi := &actualCombat.Xiaomi{
    }
    xiaomi.SetComponent(phone)
    fmt.Printf("小米的价格为: %f\n", xiaomi.GetPrice())
}
//$ go run main-actual-combat.go
//基础零件的价格为: 2000.000000
//苹果的价格为: 8000.000000
//小米的价格为: 3000.000000
```

本节完整代码见本书资源目录 chapter3/decorator。

3.4.3 优缺点分析

1. 装饰器模式的优点

- 装饰器模式为扩展功能提供了一种灵活的替代子类的方法。
- 装饰器模式允许在运行时修改方法，而不是返回现有代码并进行修改。
- 装饰器模式是排列问题的一个很好的解决方案，因为开发者可以用任意数量的装饰器包装一个组件。
- 装饰器模式支持"类应该对扩展开放，对修改关闭"的原则。

2. 装饰器模式的缺点

- 装饰器模式在设计中可能会创建许多小对象，过度使用可能会很复杂。
- 如果客户端严重依赖组件的具体类型，那么使用装饰器模式可能会导致问题。
- 装饰器模式会使实例化组件的过程复杂化，因为开发者不仅要实例化组件，还要将其包装在多个装饰器中。
- 让装饰器跟踪其他装饰器可能很复杂。

3.5 外观模式

3.5.1 外观模式简介

1. 什么是外观模式

外观模式（Facade Pattern）是一种通过为多个复杂的子系统提供一个一致的接口，使这些子系统更容易被访问的设计模式。外观模式对外有一个统一的接口，外部应用程序不用关心内部子系统的具体细节，从而大幅降低应用程序的复杂度，增强应用程序的可维护性。外观模式可以为复杂系统、程序库或框架提供一个简单的接口。

外观模式的 UML 类图如图 3-10 所示。

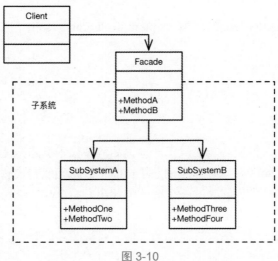

图 3-10

根据图 3-10 可知，外观模式的角色组成如下。

- 外观（Facade）：可以提供一种访问特定子系统功能的便捷方式，了解如何重定向客户端请求，知晓如何操作所有的活动部件。
- 子系统（SubSystem）：由数十个不同的对象构成，如果要用这些对象完成有意义的工作，那么开发者必须深入了解子系统的实现细节，如按照正确顺序初始化对象和为其提供正确格式的数据。子系统不会意识到外观的存在，它们在系统内运作，并且相互之间可以直接进行交互。
- 客户端（Client）：可以使用外观对象代替对子系统对象的直接调用。

2. 外观模式的使用场景

- 如果开发者需要一个指向复杂子系统的直接接口，并且该接口的功能有限，则可以使用外观模式。子系统通常会随着时间的推进变得越来越复杂，即使使用设计模式，开发者通常也会创建更多的类。尽管在多种情形中子系统可能是更灵活或易于复用的，但其所需的配置和样板代码数量会增长得更快。为了解决这个问题，外观模式会提供指向子系统中常用功能的快捷方式，用于满足客户端的大部分需求。
- 如果需要将子系统组织为多层结构，则可以使用外观模式。通过创建外观模式定义子系统中各层次的入口。开发者可以要求子系统仅使用外观模式进行交互，从而降低子系统之间的耦合度。

3. 外观模式的实现方式

（1）定义外观类，示例代码如下：

```go
//外观类
type Facade struct {
    subSystemA SubSystemA
    subSystemB SubSystemB
}
//初始化外观对象
func NewFacade() *Facade {
    return &Facade{
        subSystemA: SubSystemA{},
        subSystemB: SubSystemB{},
    }
}
```

（2）定义外观类的方法，示例代码如下：

```go
//外观类的方法 MethodA
func (c *Facade) MethodA() {
    c.subSystemB.MethodThree()
    c.subSystemA.MethodOne()
    c.subSystemB.MethodFour()
}

//外观类的方法 MethodB
func (c *Facade) MethodB() {
    c.subSystemB.MethodFour()
    c.subSystemA.MethodTwo()
}
```

（3）定义子系统类及其方法，示例代码如下：

```go
//子系统类 SubSystemA
type SubSystemA struct {
}

//初始化子系统类 SubSystemA 的对象
func NewSubSystemA() *SubSystemA {
    return &SubSystemA{}
}

//子系统类 SubSystemA 的方法
func (c *SubSystemA) MethodOne() {
    fmt.Println("SubSystemB - MethodOne")
}

//子系统类 SubSystemA 的方法
func (c *SubSystemA) MethodTwo() {
    fmt.Println("SubSystemB - MethodTwo")

}

//子系统类 SubSystemB
type SubSystemB struct {
}

//初始化子系统类 SubSystemB 的对象
func NewSubSystemB() *SubSystemB {
    return &SubSystemB{}
}
```

```
//子系统类 SubSystemB 的方法
func (c *SubSystemB) MethodThree() {
    fmt.Println("SubSystemA - MethodThree")
}

//子系统类 SubSystemB 的方法
func (c *SubSystemB) MethodFour() {
    fmt.Println("SubSystemA - MethodFour")
}
```

（4）创建客户端，示例代码如下：

```
package main

import (
    "github.com/shirdonl/goDesignPattern/chapter3/facade/example"
)

func main() {
    fa := example.NewFacade()
    fa.MethodA()
    fa.MethodB()

    sub := example.NewSubSystemA()
    sub.MethodOne()
    sub.MethodTwo()
}
//$ go run main.go
//SubSystemA - MethodThree
//SubSystemB - MethodOne
//SubSystemA - MethodFour
//SubSystemA - MethodFour
//SubSystemB - MethodTwo
//SubSystemB - MethodOne
//SubSystemB - MethodTwo
```

3.5.2　Go 语言实战

人们很容易低估使用信用卡购物时后台工作的复杂程度，在这个过程中会有很多子系统发挥作用，其中的部分子系统如下。

- 检查账户。
- 检查安全码。

- 借记/贷记金额。
- 录入账簿。
- 发送消息通知。

在如此复杂的系统中，可以说是一步错步步错，很容易引发大问题。因此，我们需要使用外观模式，让客户端可以使用一个简单的接口处理众多组件，客户端只需输入卡片详情、安全码、支付金额及操作类型。外观模式可以与多种组件进行沟通，并且不会向客户端暴露其内部的复杂性。

（1）定义信用卡的外观类 WalletFacade 及其方法 AddMoneyToWallet()和 DeductMoneyFromWallet()，用于将钱添加到信用卡中和从信用卡中扣款，代码如下：

```
//定义信用卡的外观类
type WalletFacade struct {
    Account          *Account
    Wallet           *Wallet
    VerificationCode *VerificationCode
    Notification     *Notification
    Ledger           *Ledger
}

//将钱添加到信用卡中
func (w *WalletFacade) AddMoneyToWallet(accountID string, securityCode
int, amount int) error {
    fmt.Println("添加钱到信用卡中")
    //1.检查账户
    err := w.Account.CheckAccount(accountID)
    if err != nil {
        return err
    }
    //2.检查验证码
    err = w.VerificationCode.CheckCode(securityCode)
    if err != nil {
        return err
    }
    //3.添加金额
    w.Wallet.AddBalance(amount)
    //4.发送信用通知
    w.Notification.SendWalletCreditNotification()
    w.Ledger.MakeEntry(accountID, "credit", amount)
    return nil
}

//从信用卡中扣款
```

```go
func (w *WalletFacade) DeductMoneyFromWallet(accountID string,
securityCode int, amount int) error {
    fmt.Println("从信用卡中扣款")
    //1.检查账户
    err := w.Account.CheckAccount(accountID)
    if err != nil {
        return err
    }

    //2.检查验证码
    err = w.VerificationCode.CheckCode(securityCode)
    if err != nil {
        return err
    }
    //3.借款金额
    err = w.Wallet.DebitBalance(amount)
    if err != nil {
        return err
    }
    //4.发送借款通知
    w.Notification.SendWalletDebitNotification()
    w.Ledger.MakeEntry(accountID, "credit", amount)
    return nil
}
```

（2）定义复杂子系统类的组成部分。

①定义账户类 Account 及其方法 CheckAccount()，代码如下：

```go
//账户类
type Account struct {
    name string
}

//检查账户
func (a *Account) CheckAccount(accountName string) error {
    if a.name != accountName {
        return fmt.Errorf("%s","账户名不正确~")
    }
    fmt.Println("账户验证通过~")
    return nil
}
```

②定义验证码类 VerificationCode 及其方法 CheckCode()，代码如下：

```go
//验证码类
type VerificationCode struct {
```

```
    code int
}

//检查验证码
func (s *VerificationCode) CheckCode(incomingCode int) error {
    if s.code != incomingCode {
        return fmt.Errorf("%s","验证码不正确")
    }
    fmt.Println("验证通过~")
    return nil
}
```

③定义信用卡类 Wallet 及其方法 AddBalance()和 DebitBalance()，代码如下：

```
//信用卡类
type Wallet struct {
    balance int
}

//添加金额
func (w *Wallet) AddBalance(amount int) {
    w.balance += amount
    fmt.Println("添加信用卡金额成功~")
    return
}

//借款金额
func (w *Wallet) DebitBalance(amount int) error {
    if w.balance < amount {
        return fmt.Errorf("%s","金额无效~")
    }
    fmt.Println("信用卡中金额足够~")
    w.balance = w.balance - amount
    return nil
}
```

④定义分类账类 Ledger 及其方法 MakEntry()，代码如下：

```
//分类账类
type Ledger struct {
}

//生成分类账条目
func (s *Ledger) MakeEntry(accountID, txnType string, amount int) {
    fmt.Printf("为账户：%s 生成分类账条目，账目类型为：%s，金额为：%d\n",
accountID, txnType, amount)
```

```
    return
}
```

⑤定义通知类 Notification 及其方法 SendWalletCreditNotification() 和
SendWalletDebitNotification()，代码如下：

```
//通知类
type Notification struct {
}

//发送信用通知
func (n *Notification) SendWalletCreditNotification() {
    fmt.Println("发送信用卡信用通知...")
}

//发送借款通知
func (n *Notification) SendWalletDebitNotification() {
    fmt.Println("发送信用卡借款通知...")
}
```

（3）创建客户端，代码如下：

```
fmt.Println()
//实例化外观对象
WalletFacade := pkg.NewWalletFacade("barry", 1688)
fmt.Println()

//将16元添加到信用卡中
err := WalletFacade.AddMoneyToWallet("barry", 1688, 16)
if err != nil {
    log.Fatalf("Error: %s\n", err.Error())
}

fmt.Println()
//从信用卡中取出5元
err = WalletFacade.DeductMoneyFromWallet("barry", 1688, 5)
if err != nil {
    log.Fatalf("Error: %s\n", err.Error())
}
//$ go run main-actual-combat.go
//
//添加钱到信用卡中
//账户验证通过~
//验证通过~
//添加信用卡金额成功~
```

```
//发送信用卡信用通知...
//为账户：barry 生成分类账条目，账目类型为：credit，金额为：16
//
//从信用卡中扣款
//账户验证通过~
//验证通过~
//信用卡中金额足够~
//发送信用卡借款通知...
//为账户：barry 生成分类账条目，账目类型为：credit，金额为：5
```

本节完整代码见本书资源目录 chapter3/structural/facade。

3.5.3　优缺点分析

1. 外观模式的优点

- 外观模式允许定义一个简单的接口，用于隐藏子系统相互依赖的复杂性。外观模式不但降低了程序的整体复杂度，而且有助于将不需要的依赖移动到同一个位置。
- 外观模式的外观类可以将代码解耦，使以后添加功能更容易。
- 外观模式允许定义特定于客户需求的方法，而不会强制开发者使用系统提供的可用方法。
- 外观模式可以将子系统的复杂性隐藏在单个外观类后面，从而帮助提高代码的可读性和可用性。

2. 外观模式的缺点

- 外观模式在客户端和子系统之间引入了一个额外的层，在一定程度上提高了代码的复杂度。
- 外观模式在客户端和子系统之间引入了额外的层，可能会增加一些额外的系统请求。
- 外观模式在各种子系统之间创建了依赖关系，各个子系统之间通过调用相关方法为客户端提供服务。
- 外观模式需要在外观类中引入客户端的具体 API，因此需要进行额外的维护。

3.6　享元模式

3.6.1　享元模式简介

1. 什么是享元模式

享元模式（Flyweight Pattern）摒弃了在每个对象中存储所有数据的方式，通过共享多个对象的相同状态，使开发者可以在有限的内存容量中载入更多对象。享元模式通过共享已经存在的对象，大幅度减少了需要创建的对象数量，避免了大量相似类的开销，从而提高了系统资源的利用率。

享元模式的 UML 类图如图 3-11 所示。

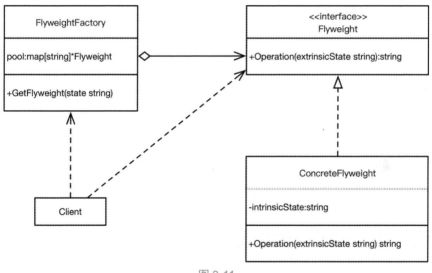

图 3-11

根据图 3-11 可知，享元模式的角色组成如下。

- 享元（Flyweight）：一个接口，用于定义所有具体享元对象共享的操作方法。
- 具体享元（ConcreteFlyweight）：实现享元接口的类，包含原始对象中部分能在多个对象中共享的状态。同一个具体享元对象可以在多种不同情景中使用。具体享元对象中存储的状态称为内部状态，传递给享元方法的状态称为外部状态。
- 享元工厂（FlyweightFactory）：对已有享元对象的缓存池进行管理的类。在有了享元工厂后，客户端无须直接创建具体享元对象，只需调用享元工厂方法，并且向其传递目标具体享元对象的一些内部状态。享元工厂方法会根据参数在之前已创建的享元接口中进行查找，如果找到满足条件的具体享元对象，则将其返回；如果没有找到，则根据参数新建具体享元对象。

- 客户端（Client）：负责计算或存储具体享元对象的外部状态。在客户端看来，享元对象是一种可以在运行时进行配置的模板对象，具体的配置方式为向其方法中传入一些情景数据参数。

2．享元模式的使用场景

- 如果程序必须支持大量对象且没有足够的内存容量，则可以使用享元模式。
- 如果程序需要生成数量巨大的相似对象，则可以使用享元模式。
- 如果程序有可能耗尽目标设备的所有内存资源，则可以使用享元模式。
- 如果对象中包含可抽取且能在多个对象之间共享的重复状态，则可以使用享元模式。

3．享元模式的实现方式

（1）定义享元接口，示例代码如下：

```
//享元接口
type Flyweight interface {
    Operation()
}
```

（2）定义具体享元类。

在定义具体享元类时，需要将具体享元类的成员变量拆分为以下两部分。

- 内部状态：包含不变的、可在多个对象中重复使用的数据的成员变量。
- 外部状态：包含每个对象各自不同的情景数据的成员变量。

保留类中表示内部状态的成员变量，并且将其属性设置为不可修改。这些变量仅可在初始化函数 Init() 中获得初始值。示例代码如下：

```
//具体享元类
type ConcreteFlyweight struct {
    intrinsicState string
}

//初始化具体享元对象
```

```go
func (fw ConcreteFlyweight) Init(intrinsicState string) {
    fw.intrinsicState = intrinsicState
}

//具体享元类的方法
func (fw ConcreteFlyweight) Operation(extrinsicState string) string {
    fmt.Println(fw.intrinsicState)
    if extrinsicState != "" {
        return extrinsicState
    }
    return "empty extrinsicState"
}

//创建一个新的具体享元对象
func NewConcreteFlyweight(state string) *ConcreteFlyweight {
    return &ConcreteFlyweight{state}
}
```

（3）定义用于创建和存储具体享元对象的享元工厂类及其方法，示例代码如下：

```go
//用于创建和存储具体享元对象的享元工厂类
type FlyweightFactory struct {
    pool map[string]*ConcreteFlyweight
}

//创建一个新的享元工厂对象
func NewFlyweightFactory() *FlyweightFactory {
    return &FlyweightFactory{pool: make(map[string]*ConcreteFlyweight)}
}

//获取或创建具体享元对象
func (f *FlyweightFactory) GetFlyweight(state string) *ConcreteFlyweight {
    flyweight, _ := f.pool[state]
    if f.pool[state] == nil {
        flyweight = NewConcreteFlyweight(state)
        f.pool[state] = flyweight
    }
    return flyweight
}
```

（4）创建客户端。客户端必须存储和计算外部状态（情景）的数值，以便调用享元对象的方法。为了使用方便，可以将外部状态和引用具体享元对象的成员变量移动到单独的情景类中。示例代码如下：

```go
package main
```

```
import (
    "fmt"
    "github.com/shirdonl/goDesignPattern/chapter3/flyweight/example"
)

func main() {
    factory := example.NewFlyweightFactory()
    flyweight1 := factory.GetFlyweight("Barry")
    flyweight2 := factory.GetFlyweight("Shirdon")

    fmt.Println(flyweight1.Operation("ok"))
    fmt.Println(flyweight2.Operation("good"))
}
//$ go run main.go
//Barry
//ok
//Shirdon
//good
```

3.6.2　Go 语言实战

在篮球比赛中，两个球队各派 5 名球员上场比赛，两个球队的球员身着不同颜色的服装。本实战主要创建篮球游戏中两队球员的服装。为了方便，我们假设两个球队各有一种服装类型。

下面是球员类，服装对象被嵌入球员类。

```
type Player struct {
    Dress      Dress
    PlayerType string
    lat        int
    long       int
}
```

假设目前有 5 名红队球员和 5 名蓝队球员，一共有 10 名球员，那么创建服装对象的方法有以下两种。

- 10 名球员各自创建不同的服装对象，并且将其嵌入玩家类，总共会创建 10 个服装对象。
- 创建两个服装对象，一个是红队服装对象，它可以在 5 名红队球员之间共享；另一个是蓝队服装对象，它可以在 5 名蓝队球员之间共享。

如果采用第一种方法，那么需要创建 10 个服装对象；如果采用第二种方法，那么只需要创建 2 个服装对象。第二种方法使用的就是享元模式，创建的 2 个服装对象称为享元对象。

享元模式可以从对象（球员对象）中提取出公共部分并创建享元对象（服装对象），这些享元对象（服装对象）随后可以在多个对象（球员对象）中共享，从而极大地减少了服装对象的数量，即使创建更多的对象（球员对象），也只需要 2 个服装对象。

在享元模式中，我们可以将享元对象存储于 map 容器中。在创建共享享元对象的其他对象时，从 map 容器中获取享元对象即可。

下面看一下此类安排的内部状态和外部状态。

- 内部状态：存储内部状态的服装对象可以在多个红队球员对象和蓝队球员对象之间共享。
- 外部状态：球员对象位置是外部状态，因为它在每个球员对象中都是不同的。

（1）定义享元工厂类 DressFactory（服装工厂类）及其方法 GetDressByType()，代码如下：

```
const (
    //蓝队服装类型
    BlueTeamDressType = "Blue Dress"
    //红队服装类型
    RedTeamDressType = "Red Dress"
)

var (
    DressFactorySingleInstance = &DressFactory{
        DressMap: make(map[string]Dress),
    }
)

//服装工厂类
type DressFactory struct {
    DressMap map[string]Dress
}

//获取服装类型
func (d *DressFactory) GetDressByType(DressType string) (Dress, error) {
    if d.DressMap[DressType] != nil {
        return d.DressMap[DressType], nil
```

```
    }

    if DressType == BlueTeamDressType {
        d.DressMap[DressType] = newBlueTeamDress()
        return d.DressMap[DressType], nil
    }
    if DressType == RedTeamDressType {
        d.DressMap[DressType] = newRedTeamDress()
        return d.DressMap[DressType], nil
    }

    return nil, fmt.Errorf("%s","Wrong Dress type")
}
```

（2）定义享元接口 Dress（服装接口），该接口中包含 GetColor()函数，代码如下：

```
//服装接口
type Dress interface {
    GetColor() string
}
```

（3）定义具体享元类。

①定义蓝队服装类 BlueTeamDress 及其方法 GetColor()，代码如下：

```
package pkg

//蓝队服装类
type BlueTeamDress struct {
    color string
}

func (t *BlueTeamDress) GetColor() string {
    return t.color
}
```

②定义红队服装类 RedTeamDress 及其方法 GetColor()，代码如下：

```
//红队服装类
type RedTeamDress struct {
    color string
}

func (c *RedTeamDress) GetColor() string {
    return c.color
}
```

（4）定义球员类 Player 及其方法 NewLocation()，代码如下：

```go
//球员类
type Player struct {
    Dress      Dress
    PlayerType string
    lat        int
    long       int
}

//指定球员对象位置
func (p *Player) NewLocation(lat, long int) {
    p.lat = lat
    p.long = long
}
```

（5）定义游戏类 NewGame 及其方法 AddBlueTeam()和 AddRedTeam()，代码如下：

```go
//游戏类
type NewGame struct {
}

//创建蓝队球员对象
func (ng *NewGame) AddBlueTeam(DressType string) *Player {
    return NewPlayer("terrorist", DressType)
}

//创建红队球员对象
func (ng *NewGame) AddRedTeam(DressType string) *Player {
    return NewPlayer("counterBlueTeam", DressType)
}
```

（6）创建客户端，代码如下：

```go
package main

import (
    "fmt"
    "github.com/shirdonl/goDesignPattern/chapter3/flyweight/actualCombat"
)

func main() {
    game := actualCombat.NewGame{}

    //创建红队
    game.AddBlueTeam(actualCombat.BlueTeamDressType)
```

```
    game.AddBlueTeam(actualCombat.BlueTeamDressType)
    game.AddBlueTeam(actualCombat.BlueTeamDressType)
    game.AddBlueTeam(actualCombat.BlueTeamDressType)

    //创建蓝队
    game.AddRedTeam(actualCombat.RedTeamDressType)
    game.AddRedTeam(actualCombat.RedTeamDressType)
    game.AddRedTeam(actualCombat.RedTeamDressType)

    DressFactoryInstance := actualCombat.GetDressFactorySingleInstance()

    for DressType, Dress := range DressFactoryInstance.DressMap {
        fmt.Printf("服装类型: %s\n服装颜色: %s\n", DressType,
Dress.GetColor())
    }
}
//$ go run main-actual-combat.go
//服装类型: Blue Dress
//服装颜色: blue
//服装类型: Red Dress
//服装颜色: red
```

本节完整代码见本书资源目录 chapter3/flyweight。

3.6.3　优缺点分析

1. 享元模式的优点

- 享元模式可以通过减少对象数量提高应用程序的性能。
- 享元模式可以减少占用的内存资源，因为公共属性在使用内部属性的对象之间共享。
- 享元模式可以缩短实例化时间、降低相关成本。
- 在享元模式中，一个类的一个对象可以提供很多虚拟实例。

2. 享元模式的缺点

- 如果对象中没有可共享的属性，那么享元模式是没有用的。
- 如果内存资源充足，那么使用享元模式对应用程序来说可能是多余的。
- 享元模式会提高代码复杂度。

3.7　代理模式

3.7.1　代理模式简介

为什么要控制对某个对象的访问呢？举个例子：有一个消耗大量系统资源的巨型对象，开发者只是偶尔需要使用它，并非总是需要。例如，当多个客户端同时访问数据库，对数据进行操作时，有可能会因为访问量太大而使运行缓慢。多个客户端连接数据库的示例图如图 3-12 所示。

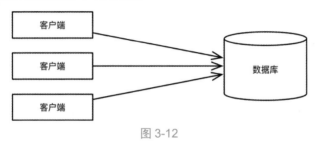

图 3-12

开发者可以延迟初始化，在实际有需要时再创建对象。对象的所有客户端都要执行延迟初始化代码，很可能会出现很多重复代码。

在理想情况下，开发者希望将代码直接放入对象的类，但不一定可以实现，如类可能是第三方封闭库中的一部分。

代理模式建议创建一个与原服务对象接口相同的代理类，然后更新应用，从而将代理对象传递给所有原始对象客户端。代理对象在接收到客户端请求后，会创建实际的服务对象，并且将所有工作委派给它。

代理对象可以将自己伪装成数据库，可以在客户端或实际数据库不知情的情况下处理延迟初始化和缓存查询结果的工作。多个客户端通过代理对象连接数据库的示例图如图 3-13 所示。

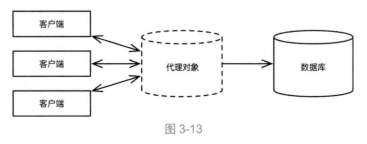

图 3-13

这有什么好处呢？如果需要在类的主要业务逻辑之前或之后执行一些操作，那么开发者不用修改类就能完成这项工作。由于代理类与原类实现的接口相同，因此开发者可以将代理对象传递给任意一个使用实际服务对象的客户端。

1. 什么是代理模式

代理模式（Proxy Pattern）是指出于某些原因，需要给某个对象提供一个代理对象的设计模式，用于控制对该对象的访问。这时，访问对象不适合或不能直接引用目标对象，可以将代理对象作为访问对象和目标对象之间的中介。代理模式让开发者可以提供真实服务对象的替代品给客户端使用。代理对象可以接收客户端的请求并进行一些处理（访问控制和缓存等），然后再将请求传递给服务对象。代理对象和真实服务对象具有相同的接口，当它被传递给客户端时，可以与真实服务对象互换。

代理模式的 UML 类图如图 3-14 所示。

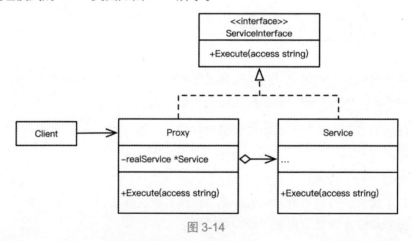

图 3-14

根据图 3-14 可知，代理模式的角色组成如下。

- 服务接口（ServiceInterface）：用于声明服务的接口。代理类必须实现该接口，才能伪装成服务对象。
- 服务（Service）：提供一些实用业务逻辑的类。
- 代理（Proxy）：包含一个指向服务对象的引用的成员变量的类。代理对象在完成其任务（如延迟初始化、记录日志、访问控制和缓存等）后，会将请求传递给服务对象。在通常情况下，代理对象会对其服务对象的整个生命周期进行管理。

- 客户端（Client）：通过同一个接口与服务对象或代理对象进行交互，所以开发者可以在一切需要服务对象的代码中使用代理对象。

2. 代理模式的使用场景

使用代理模式的方式多种多样，常见的使用场景如下。

- 延迟初始化（虚拟代理）。如果开发者有一个偶尔使用的重量级服务对象，一直使该对象保持运行会消耗系统资源，则可以使用代理模式。
- 访问控制（保护代理）。如果开发者只希望特定客户端使用服务对象，这里的服务对象是操作系统中非常重要的部分，而客户端是各种已启动的程序（包括恶意程序），则可以使用代理模式。

3. 代理模式的实现方式

（1）定义服务接口，如果没有现成的服务接口，那么开发者需要创建一个服务接口，用于实现代理对象和服务对象的可交换性，示例代码如下：

```
//服务接口
type ServiceInterface interface {
    Execute(access string)
}
```

（2）定义服务类，使其实现服务接口，示例代码如下：

```
//服务类，实现了用于执行任务的 ServiceInterface 接口
type Service struct {
}

//服务类的方法
func (t *Service) Execute(access string) {
    fmt.Println( "Proxy Service: "+access)
}
```

（3）定义代理类，其中必须包含一个指向服务对象的引用的成员变量。在通常情况下，代理对象负责创建服务对象并对其整个生命周期进行管理。示例代码如下：

```
//代理类
type Proxy struct {
    realService *Service
}

//创建代理对象
func NewProxy() *Proxy {
```

```
    return &Proxy{realService: &Service{}}
}

//拦截Execute 命令并将其重新路由到服务命令
func (t *Proxy) Execute(access string) {
    if access == "yes" {
        t.realService.Execute(access)
    }
}
```

根据需求实现代理方法。在通常情况下，代理对象在完成一些任务后，应该将工作委派给服务对象，可以新建一个方法，用于判断客户端获取的是代理对象还是实际服务对象。开发者可以在代理类中创建一个简单的方法，用于实现代理功能，也可以创建一个完整的工厂方法，用于实现代理功能。

（4）创建客户端，示例代码如下：

```
package main

import "github.com/shirdonl/goDesignPattern/chapter3/proxy/example"

func main() {
    proxy := example.NewProxy()
    proxy.Execute("yes")
}
//$ go run main.go
//Proxy Service: yes
```

3.7.2　Go 语言实战

本实战会使用 Go 语言创建一个简单的名为 Apache 的服务器，用于模拟 Apache 服务器的代理服务。Apache 的 Web 服务器可以充当应用程序服务器的代理对象。

该 Apache 服务器应该具备如下基本功能。

- 提供了对应用程序服务器的受控访问权限。
- 可限制速度。
- 可缓存请求。

（1）定义主体服务器接口，该接口中包含 HandleRequest()方法，代码如下：

```
//主体服务器接口
type Server interface {
```

```
    HandleRequest(string, string) (int, string)
}
```

（2）定义代理类 Apache 及其方法 HandleRequest()和 CheckRateLimiting()，代码如下：

```
//代理类
type Apache struct {
    Application     *Application
    maxAllowedRequest int
    rateLimiter      map[string]int
}

//创建Apache服务器对象
func NewApacheServer() *Apache {
    return &Apache{
        Application:      &Application{},
        maxAllowedRequest: 2,
        rateLimiter:       make(map[string]int),
    }
}

//处理请求
func (n *Apache) HandleRequest(url, method string) (int, string) {
    allowed := n.CheckRateLimiting(url)
    if !allowed {
        return 403, "Not Allowed"
    }
    return n.Application.HandleRequest(url, method)
}

//检查频率限制
func (n *Apache) CheckRateLimiting(url string) bool {
    if n.rateLimiter[url] == 0 {
        n.rateLimiter[url] = 1
    }
    if n.rateLimiter[url] > n.maxAllowedRequest {
        return false
    }
    n.rateLimiter[url] = n.rateLimiter[url] + 1
    return true
}
```

（3）定义真实主体类 Application 及其方法 HandleRequest()，代码如下：

```
//真实主体类
```

```go
type Application struct {
}

//处理请求
func (a *Application) HandleRequest(url, method string) (int, string) {
    if url == "/user/status" && method == "GET" {
        return 200, "Ok"
    }

    if url == "/user/login" && method == "POST" {
        return 201, "User Login"
    }
    return 404, "Not Ok"
}
```

（4）创建客户端，代码如下：

```go
package main

import (
    "fmt"
    "github.com/shirdonl/goDesignPattern/chapter3/proxy/actualCombat"
)

func main() {
    //初始化 Apache 服务器对象
    ApacheServer := actualCombat.NewApacheServer()
    userStatusURL := "/user/status"
    userLoginURL := "/user/login"

    //发送一个 GET 请求
    httpCode, body := ApacheServer.HandleRequest(userStatusURL, "GET")
    fmt.Printf("\nUrl: %s\nHttpCode: %d\nBody: %s\n", userStatusURL,
httpCode, body)

    //发送一个 POST 请求
    httpCode, body = ApacheServer.HandleRequest(userStatusURL, "POST")
    fmt.Printf("\nUrl: %s\nHttpCode: %d\nBody: %s\n", userStatusURL,
httpCode, body)

    //发送一个 GET 请求
    httpCode, body = ApacheServer.HandleRequest(userLoginURL, "POST")
    fmt.Printf("\nUrl: %s\nHttpCode: %d\nBody: %s\n", userStatusURL,
httpCode, body)
```

```
    //发送一个 POST 请求
    httpCode, body = ApacheServer.HandleRequest(userLoginURL, "GET")
    fmt.Printf("\nUrl: %s\nHttpCode: %d\nBody: %s\n", userStatusURL,
httpCode, body)
}
//$ go run main-actual-combat.go
//
//Url: /user/status
//HttpCode: 200
//Body: Ok
//
//Url: /user/status
//HttpCode: 404
//Body: Not Ok
//
//Url: /user/status
//HttpCode: 201
//Body: User Login
//
//Url: /user/status
//HttpCode: 404
//Body: Not Ok
```

本节完整代码见本书资源目录 chapter3/proxy。

3.7.3　优缺点分析

1. 代理模式的优点

- 与其他模式相比，代理模式更安全，并且易于实施。
- 代理模式可以避免巨型对象和内存密集型对象的重复，从而提高应用程序的性能。
- 远程代理可以通过在客户端机器中安装本地代码代理（存根），然后在远程代码的帮助下访问服务器，从而确保安全性。

2. 代理模式的缺点

由于代理模式引入了另一层抽象，因此，如果一部分客户端直接访问真实的服务对象，而另一部分客户端访问代理对象，则可能导致不同步等问题。

3.8 回顾与启示

本章讲解了组合模式、适配器模式、桥接模式、装饰器模式、外观模式、享元模式、代理模式共 7 种结构型设计模式，配合 Go 语言实战，使读者可以快速理解并掌握结构型设计模式的实战方法和技巧。

第4章

行为型设计模式

行为型设计模式包括策略模式、责任链模式、命令模式、迭代器模式、中介者模式、备忘录模式、观察者模式、状态模式、模板方法模式和访问者模式。

4.1　策略模式

4.1.1　策略模式简介

1. 什么是策略模式

策略模式（Strategy Pattern）可以让开发者定义一系列算法，并且将每种算法分别放入独立的类，从而使算法的对象能够相互替换。策略模式可以将一组行为转换为对象，并且使其在原始对象内部能够相互替换。原始对象称为上下文，包含指向策略对象的引用并将执行行为的任务分派给策略对象。为了改变上下文完成其工作的方式，其他对象可以使用另一个对象替换当前链接的策略对象。

策略模式的 UML 类图如图 4-1 所示。

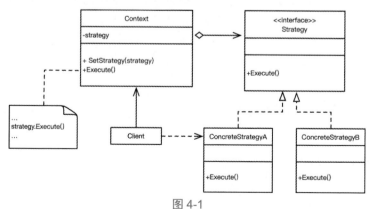

图 4-1

根据图 4-1 可知，策略模式的各部分角色组成如下。

- 上下文（Context）：维护指向具体策略引用的类，并且仅通过策略接口与该引用进行交流。
- 策略（Strategy）：策略接口是所有具体策略的通用接口，它声明了一个上下文，用于执行策略的方法。
- 具体策略（ConcreteStrategy）：实现上下文所用算法的各种不同变体的类。当上下文需要运行算法时，具体策略会在其已连接的策略对象上调用执行方法。上下文不清楚其涉及的策略类型与算法的执行方式。
- 客户端（Client）：创建一个特定策略对象并将其传递给上下文，上下文会提供一个设置器，以便客户端在运行时替换相关联的策略。

2．策略模式的使用场景

- 当开发者需要使用对象中各种不同的算法变体，并且希望能在运行时切换算法时，可以使用策略模式。策略模式让开发者能够将对象关联至能以不同方式执行特定子任务的不同子对象，从而以间接方式在运行时更改对象行为。
- 当开发者有许多仅在执行某些行为时略有不同的相似类时，可以使用策略模式。策略模式让开发者能够将不同的行为抽取到一个独立类层次结构中，并且将原始类组合成同一个类，从而减少重复的代码。
- 如果算法在上下文的逻辑中不是特别重要，那么使用策略模式可以将类的业务逻辑与算法实现细节分开。策略模式让开发者能够将各种算法的代码、内部数据、依赖关系与其他代码分开。
- 如果类中使用了复杂条件运算符，用于在同一个算法的不同变体中切换，则可以使用策略模式。策略模式将所有继承自同一个接口的算法抽取到独立类中，因此不需要条件语句。原始对象不会实现所有算法的变体，它会将执行工作委派给其中的一个独立算法对象。

3．策略模式的实现方式

（1）从上下文类中找出修改频率较高的算法，定义该算法所有变体的通用策略接口，示例代码如下：

```go
//策略接口
type Strategy interface {
    Execute()
}
```

（2）定义具体策略类及其方法。将算法逐个抽取到各自的类中，具体策略类都必须实现策略接口，示例代码如下：

```go
//具体策略类 strategyA
type strategyA struct {
}

//具体策略类 strategyA 的方法
func (s *strategyA) Execute() {
    fmt.Println( "执行策略 A")
}

//具体策略类 strategyB
type strategyB struct {
}

//具体策略类 strategyB 的方法
func (s *strategyB) Execute() {
    fmt.Println( "执行策略 B")
}

//创建具体策略类 strategyA 的新对象
func NewStrategyA() Strategy {
    return &strategyA{}
}

//创建具体策略类 strategyB 的新对象
func NewStrategyB() Strategy {
    return &strategyB{}
}
```

（3）定义上下文类及其方法。在上下文类中添加一个成员变量，用于存储对策略对象的引用；然后提供相应的设置器，用于修改该成员变量。上下文对象仅可通过策略接口与具体策略对象进行交互，如果有需要，则可以定义一个接口，用于让具体策略对象访问其数据。示例代码如下：

```go
//上下文类
type Context struct {
    strategy Strategy
}

//设置上下文对象执行的具体策略对象
func (c *Context) SetStrategy(strategy Strategy) {
    c.strategy = strategy
}
```

```go
//上下文类的方法
func (c *Context) Execute() {
    c.strategy.Execute()
}

//创建一个新的上下文对象
func NewContext() *Context {
    return &Context{}
}
```

（4）创建客户端。客户端必须将上下文对象与相应的具体策略对象进行关联，使上下文对象能以预期的方式完成其主要工作。示例代码如下：

```go
package main

import (
    "github.com/shirdonl/goDesignPattern/chapter4/strategy/example"
)

func main() {
    strategyB := example.NewStrategyB()
    context := example.NewContext()
    context.SetStrategy(strategyB)
    strategyA := example.NewStrategyA()
    context.SetStrategy(strategyA)
    context.Execute()
}
//$ go run main.go
//执行策略A
```

4.1.2 Go 语言实战

本实战会使用 Go 语言构建内存缓存。由于缓存位于内存中，因此其大小会存在限制，在达到其上限后，必须将一些条目移除，以便留出内存空间。此类操作可以通过多种算法实现，一些常用的算法如下。

- 最少最近使用（Least Recently Used，LRU）：根据数据的历史访问记录淘汰数据，移除最近使用最少的一条条目。
- 先进先出（First In First Out，FIFO）：根据数据历史访问记录的先后淘汰数据，移除最早创建的条目。
- 最少使用（Least Frequently Used，LFU）：根据访问缓存的历史频率淘汰数据，移除使用频率最低的一条条目。

我们需要解决的问题是如何将缓存类与这些算法解耦，以便在运行时更改算法。此外，在添加新算法时，缓存类不应发生改变。这就是策略模式发挥作用的场景。可以创建一系列算法，每个算法都有自己的类，每个类都实现了相同的接口，使一系列算法之间可以互换。

假设通用接口名称为 AlgorithmType。将之前的主要缓存类嵌入 AlgorithmType 接口，缓存类会将全部类型的移除算法委派给 AlgorithmType 接口，而非自行实现。因为 AlgorithmType 是一个接口，所以开发者可以在运行时将算法更改为 FIFO、LRU 或 LFU，无须对缓存类进行任何更改。

（1）定义策略接口 AlgorithmType，代码如下：

```
type AlgorithmType interface {
    Delete(c *Cache)
}
```

（2）定义具体策略类。

①定义 FIFO 算法类及其方法 Delete()，代码如下：

```
//FIFO 算法类
type Fifo struct {
}

//删除缓存
func (l *Fifo) Delete(c *Cache) {
    fmt.Println("Deleting by fifo strategy")
}
```

②定义 LRU 算法类及其方法 Delete()，代码如下：

```
//LRU 算法类
type Lru struct {
}

//删除缓存
func (l *Lru) Delete(c *Cache) {
    fmt.Println("Deleting by lru strategy")
}
```

③定义 LFU 算法类及其方法 Delete()，代码如下：

```
//LFU 算法类
type Lfu struct {
```

```
}

//删除缓存
func (l *Lfu) Delete(c *Cache) {
    fmt.Println("Deleting by lfu strategy")
}
```

（3）定义上下文类 Cache（缓存类）及其方法，代码如下：

```
package pkg

type Cache struct {
    storage       map[string]string
    AlgorithmType AlgorithmType
    capacity      int
    maxCapacity   int
}

func InitCache(e AlgorithmType) *Cache {
    storage := make(map[string]string)
    return &Cache{
        storage:       storage,
        AlgorithmType: e,
        capacity:      0,
        maxCapacity:   2,
    }
}

func (c *Cache) SetAlgorithmType(e AlgorithmType) {
    c.AlgorithmType = e
}

func (c *Cache) Add(key, value string) {
    if c.capacity == c.maxCapacity {
        c.Delete()
    }
    c.capacity++
    c.storage[key] = value
}

func (c *Cache) Get(key string) {
    delete(c.storage, key)
}

func (c *Cache) Delete() {
    c.AlgorithmType.Delete(c)
```

```
    c.capacity--
}
```

（4）创建客户端，代码如下：

```go
package main

import (
    "github.com/shirdonl/goDesignPattern/chapter4/strategy/actualCombat"
)

func main() {
    //声明 Lfu 对象（LFU 算法对象）
    lfu := &actualCombat.Lfu{}
    //初始化缓存对象
    cache := actualCombat.InitCache(lfu)

    //添加缓存
    cache.Add("one", "1")
    cache.Add("two", "2")

    cache.Add("three", "3")

    //声明 Lru 对象（LRU 算法对象）
    lru := &actualCombat.Lru{}
    //设置 LRU 算法类型
    cache.SetAlgorithmType(lru)

    //添加缓存
    cache.Add("four", "4")

    //声明 Fifo 对象（FIFO 算法对象）
    fifo := &actualCombat.Fifo{}
    //设置 FIFO 算法类型
    cache.SetAlgorithmType(fifo)

    //添加缓存
    cache.Add("five", "5")
}
//$ go run main-actual-combat.go
//Deleting by lfu strategy
//Deleting by lru strategy
//Deleting by fifo strategy
```

本节完整代码见本书资源目录 chapter4/strategy。

4.1.3 优缺点分析

1. 策略模式的优点

- 策略模式的部分算法可重用。策略接口的层次结构定义了一系列算法或行为，以供上下文重用。继承可以帮助分解算法的通用功能。
- 子类化的代替方法。继承支持各种算法或行为的另一种方式。开发者可以直接子类化 Context 类，赋予它不同的行为。
- 策略模式消除了条件语句。策略模式为选择所需算法或行为提供了条件语句的代替方案。在将不同的算法或行为归为一类时，很难避免使用条件语句选择正确的算法或行为。将算法或行为封装在单独的策略接口中，可以消除这些条件语句。
- 策略模式可以提供相同行为的不同实现。客户端可以选择具有不同时间和空间权衡的策略。
- 策略模式符合开闭原则。开发者无须对上下文进行修改，就能够引入新的策略。

2. 策略模式的缺点

- 如果开发者的算法极少发生改变，则没有任何理由引入新的类或接口。使用策略模式会让程序过于复杂。
- 客户端在选择合适的策略前必须了解策略的不同之处，可能会遇到实施问题。因此，只有当行为变化与客户端相关时，才应该使用策略模式。
- 许多现代编程语言支持函数类型功能，允许开发者在一组匿名函数中实现不同版本的算法。因此，开发者使用这些函数的方式和使用具体策略对象的方式完全相同，无须借助额外的类和接口保持代码简洁。
- 策略模式会使对象数量增加。策略模式会增加应用程序中的对象数量。有时，开发者可以将策略实现为上下文可以共享的无状态对象，从而减少这种开销。

4.2 责任链模式

4.2.1 责任链模式简介

1. 什么是责任链模式

责任链模式（Chain of Responsibility Pattern）允许开发者将请求沿着链进行发送，直至其中一个处理者对象对其进行处理。责任链模式可以根据请求的类型将请求的发送者和接收者解耦。当有请求发生时，可以将请求沿着这条链传递，直到有处理者对象处理它为止。

责任链模式允许多个处理者对象对请求进行处理，无须让发送者类与具体接收者类相耦合。链可以在运行时由遵循标准处理者接口的任意一个处理者对象动态生成。

责任链模式的 UML 类图如图 4-2 所示。

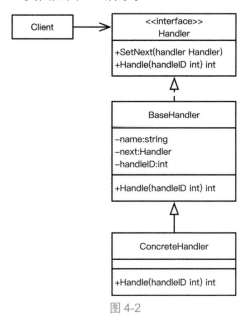

图 4-2

根据图 4-2 可知，责任链模式的角色说明如下。

● 处理者（Handler）：声明所有具体处理者类的通用接口。该接口通常仅包含一个方法，用于处理请求，但有时还会包含一个用于设置下一个具体处理者对象的方法。

- 基础处理者（BaseHandler）：一个可选的类，开发者可以将所有处理者对象共用的样本代码放置在其中。
- 具体处理者（ConcreteHandler）：包含处理请求实际代码的类。每个具体处理者对象在接收到请求后，都必须决定是否进行处理，以及是否沿着链传递请求。
- 客户端（Client）：可以根据程序逻辑一次性或动态地生成链。需要注意的是，请求可发送给链中的任意一个处理者对象，不一定是第一个处理者对象。

2. 责任链模式的使用场景

- 如果程序需要使用不同的方式处理不同种类的请求，并且请求类型和顺序预先未知，则可以使用责任链模式。责任链模式可以将多个具体处理者对象连接成一条链，在接收到请求后，责任链模式会询问每个具体处理者对象是否能够对其进行处理，因此所有具体处理者对象都有机会处理请求。
- 如果必须按顺序执行多个具体处理者对象，则可以使用责任链模式。无论以何种顺序将具体处理者对象连接成一条链，所有请求都会严格按顺序通过链中的具体处理者对象。
- 如果所需的具体处理者对象及其顺序必须在运行时发生改变，则可以使用责任链模式。如果在具体处理者类中有对成员变量的引用，那么开发者可以动态地插入和移除具体处理者对象或改变其顺序。

3. 责任链模式的实现方式

（1）定义处理者接口及请求处理方法，确定客户端如何将请求传递给方法。最灵活的方式是将请求转换为对象，然后将其以参数的形式传递给处理函数。示例代码如下：

```go
//Handler 接口，定义了一个处理程序，用于处理指定的 handleID
type Handler interface {
    SetNext(handler Handler)
    Handle(handleID int) int
}
```

（2）定义基础处理者类及其方法，示例代码如下：

```go
//基础处理者类
type BaseHandler struct {
    name      string
```

```
    next      Handler
    handleID int
}

//创建一个处理者对象
func NewBaseHandler(name string, next Handler, handleID int) Handler {
    return &BaseHandler{name, next, handleID}
}

//处理指定的 handleID
func (h *BaseHandler) Handle(handleID int) int {
    if handleID < 4 {
        ch := &ConcreteHandler{}
        ch.Handle(handleID)
        fmt.Println(h.name)

        if h.next != nil {
            h.next.Handle(handleID+1)
        }

        return handleID+1
    }
    return 0
}

//设置下一个处理者对象
func (h *BaseHandler) SetNext(handler Handler) {
    h.next = handler
}
```

（3）定义具体处理者类及其方法。为了使用方便，开发者还可以实现处理方法的默认行为。如果还有剩余的具体处理者对象，那么该方法会将请求传递给下一个具体处理者对象。具体处理者对象还能够通过调用父对象的方法使用这个行为。示例代码如下：

```
//具体处理者类
type ConcreteHandler struct {
}

//具体处理者类的处理方法
func (ch *ConcreteHandler) Handle(handleID int) {
    fmt.Println("ConcreteHandler handleID:",handleID)
}
```

（4）创建客户端。客户端可以自行组装相关的链，或者从其他具体处理者对象处获得预先组装好的链。客户端可以触发链中的任意一个具体处理者对象。请求会通过链进行传递，直至某个具体处理者对象拒绝继续传递，或者请求到达链尾。示例代码如下：

```
package main

import (
    "fmt"
    "github.com/shirdonl/goDesignPattern/chapter4/chainOfResponsibility/example"
)

func main() {
    barry := example.NewBaseHandler("Barry", nil, 1)
    shirdon := example.NewBaseHandler("Shirdon", barry, 2)
    jack := example.NewBaseHandler("Jack", shirdon, 3)
    handleId1 := barry.Handle(1)
    barry.SetNext(shirdon)
    handleId2 :=barry.Handle(handleId1)
    shirdon.SetNext(jack)
    shirdon.Handle(handleId2)
    fmt.Println(handleId1)
    fmt.Println(handleId2)
}
//$ go run main.go
//ConcreteHandler handleID: 1
//Barry
//ConcreteHandler handleID: 2
//Barry
//ConcreteHandler handleID: 3
//Shirdon
//ConcreteHandler handleID: 3
//Shirdon
//2
//3
```

4.2.2　Go 语言实战

本实战会使用责任链模式开发一个医院应用程序。医院中有多个部门，如前台、诊室、药房、收银台等。病人来看病，首先会去前台挂号，然后去诊室看医生，再去药房取药，最后去收银台结账。也就是说，病人需要通过一条部门链，每个部门都在完成其职能后将病人沿着链条输送至下一个部门。本实战的 UML 类图如图 4-3 所示。

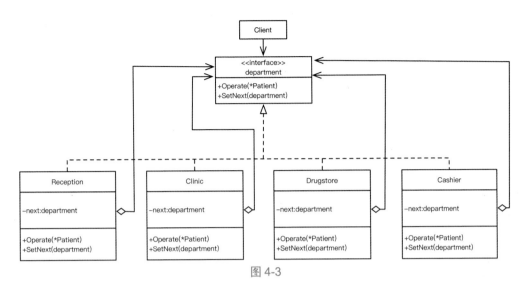

图 4-3

　　责任链模式适用于有多个候选选项处理相同请求的情形，适用于不希望客户端选择接收者（因为多个对象都可以处理请求）的情形，还适用于需要将客户端与接收者解耦的情形，客户端只需链中的首个元素。在本实战中，病人在到达医院后首先会去前台挂号，然后前台根据患者的当前状态，将其指向链中的下一个具体处理者对象。

　　（1）定义基础处理者类 Patient（病人类），代码如下：

```
type Patient struct {
    Name                string
    RegistrationDone    bool
    ClinicCheckUpDone   bool
    DrugstoreDone       bool
    PaymentDone         bool
}
```

　　（2）定义处理者接口 department，代码如下：

```
type department interface {
    Operate(*Patient)
    SetNext(department)
}
```

　　（3）定义具体处理者类 Reception（前台类）及其方法，代码如下：

```
type Reception struct {
    next department
}
```

```go
func (r *Reception) Operate(p *Patient) {
    if p.RegistrationDone {
        fmt.Println("已完成患者登记")
        r.next.Operate(p)
        return
    }
    fmt.Println("正在接待登记病人")
    p.RegistrationDone = true
    r.next.Operate(p)
}

func (r *Reception) SetNext(next department) {
    r.next = next
}
```

（4）定义具体处理者类 Clinic（诊室类）及其方法，代码如下：

```go
type Clinic struct {
    next department
}

func (d *Clinic) Operate(p *Patient) {
    if p.ClinicCheckUpDone {
        fmt.Println("医生已经检查过了")
        d.next.Operate(p)
        return
    }
    fmt.Println("医生正在检查病人")
    p.ClinicCheckUpDone = true
    d.next.Operate(p)
}

func (d *Clinic) SetNext(next department) {
    d.next = next
}
```

（5）定义具体处理者类 Drugstore（药房类）及其方法，代码如下：

```go
type Drugstore struct {
    next department
}

func (m *Drugstore) Operate(p *Patient) {
    if p.DrugstoreDone {
        fmt.Println("药品已经给病人")
        m.next.Operate(p)
```

```
        return
    }
    fmt.Println("正在给病人用药")
    p.DrugstoreDone = true
    m.next.Operate(p)
}

func (m *Drugstore) SetNext(next department) {
    m.next = next
}
```

（6）定义具体处理者类 Cashier（收银台类）及其方法，代码如下：

```
type Cashier struct {
    next department
}

func (c *Cashier) Operate(p *Patient) {
    if p.PaymentDone {
        fmt.Println("支付完成")
    }
    fmt.Println("出纳员从病人那里收钱")
}

func (c *Cashier) SetNext(next department) {
    c.next = next
}
```

（7）创建客户端，代码如下：

```
package main

import (
    "github.com/shirdonl/goDesignPattern/chapter4/chainOfResponsibility/
actualCombat"
)

func main() {

    cashier := &actualCombat.Cashier{}

    //设置下一个医务部门
    drugstore := &actualCombat.Drugstore{}
    drugstore.SetNext(cashier)

    //设置下一个医务部门
    clinic := &actualCombat.Clinic{}
    clinic.SetNext(drugstore)
```

```
    //设置下一个医务部门
    reception := &actualCombat.Reception{}
    reception.SetNext(clinic)

    patient := &actualCombat.Patient{Name: "Jack"}
    //设置基础处理者对象——病人
    reception.Operate(patient)
}
//$ go run main-actual-combat.go
//正在接待登记病人
//医生正在检查病人
//正在给病人用药
//出纳员从病人那里收钱
```

4.2.3　优缺点分析

1. 责任链模式的优点

- 开发者可以控制请求处理的顺序。
- 符合单一职责原则（Single Responsibility Principle，SRP）。开发者可以对发起操作和执行操作的类进行解耦。
- 符合开闭原则。开发者可以在不更改现有代码的情况下在程序中添加处理者对象。
- 提高对象分配职责的灵活性。通过更改链中的成员或更改其顺序，允许动态添加或删除处理者对象。增加请求处理新类非常方便。
- 责任链模式可以简化对象，对象不需要知道链结构。

2. 责任链模式的缺点

- 责任链模式的请求不保证一定能被收到，部分请求可能未被处理。
- 系统的性能会受到影响，而且在代码调试不方便时可能会造成循环调用。例如，如果处理程序未能成功调用下一个处理程序，那么请求可能会被丢弃；如果一个处理程序调用了不正确的处理程序，那么可能会损害链结构。
- 在调试时，可能不容易观察操作特性。
- 责任链模式有时会增加维护成本，因为不同的处理程序中可能会出现重复代码。

4.3 命令模式

4.3.1 命令模式简介

1. 什么是命令模式

命令模式（Command Pattern）是一种数据驱动的设计模式，首先请求以命令的形式包裹在对象中并被传递给调用对象，然后调用对象寻找可以处理该命令的合适对象，并且将该命令传递给相应的对象，最后由该对象执行命令。命令模式可以将请求或简单操作转换为对象，此类转换让开发者能够延迟执行或远程执行请求，还可以将其放入队列。

命令模式的 UML 类图如图 4-4 所示。

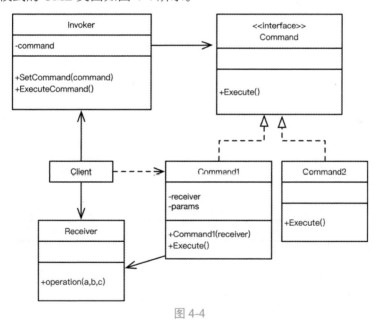

图 4-4

根据图 4-4 所可知，命令模式的角色组成如下。

- 调用者（Invoker）：负责发起请求的类。调用者中具有用于存储命令接口的对象。发送者会触发该命令，不会直接将请求发送给接收者。
- 命令（Command）：一个接口，通常仅声明一个执行命令的方法。
- 具体命令（Concrete Commands）：实现各种类型请求的类。具体命令本身并不完成工作，它会将调用工作委派给一个业务逻辑对象。为了简化代码，可以将具体命令合并。

- 接收者（Receiver）：包含部分业务逻辑的接口或类。大部分对象都可以作为接收者。大部分命令只处理如何将请求传递给接收者的细节，接收者会完成实际的工作。
- 客户端（Client）：创建并配置具体命令对象。客户端必须将包括接收者对象在内的所有请求参数传递给命令的初始化函数。此后，生成的命令就可以与一个或多个调用者相关联了。

2. 命令模式的使用场景

- 如果开发者需要通过操作参数化对象，则可以使用命令模式。命令模式可以将对特定方法的调用转化为对独立对象的调用。这种改变也带来了许多有趣的应用：开发者可以将命令作为方法的参数进行传递、将命令存储于其他对象中、在运行时切换已连接的命令等。例如，如果我们正在开发一个图形用户界面（Graphical User Interface，GUI）组件（如上下文菜单），希望用户能够配置菜单项，并且在选择菜单项时触发操作，则可以使用命令模式。
- 如果开发者要将操作放入队列或执行操作，则可以使用命令模式。与其他对象一样，可以将命令对象序列化（转化为字符串），使其能方便地写入文件或数据库。在一段时间后，该字符串可以被恢复成最初的命令对象。因此，开发者可以延迟执行命令或计划什么时候执行命令。但其功能远不止如此，使用同样的方式，开发者还可以将命令放入队列、记录命令、通过网络发送命令。
- 如果开发者要实现操作回滚功能，则可以使用命令模式。为了能够回滚操作，开发者需要实现已执行操作的历史记录功能。命令历史记录是一种包含所有已执行命令对象及其相关程序状态备份的栈结构。这种方法有两个缺点，一个是程序状态的存储功能并不容易实现，因为部分状态可能是私有的，开发者可以使用备忘录模式在一定程度上解决这个问题；另一个是备份状态可能会占用大量内存资源。因此，我们有时需要借助另一种实现方式：命令无须恢复原始状态，只需执行反向操作。反向操作也有代价，它可能很难实现，甚至无法实现。

3. 命令模式的实现方式

（1）定义仅有一个方法的命令接口，示例代码如下：

```
type Command interface {
```

```
    Execute()
}
```

（2）定义具体命令类及其方法。抽取请求并使其成为实现命令接口的具体命令类。每个具体命令类中都必须有一组成员变量，用于存储请求参数和对实际接收者对象的引用，这些变量都必须通过命令进行初始化。示例代码如下：

```
//具体命令类 Command1
type Command1 struct {
    name     string
    receiver *Receiver
}

//初始化 Command1 对象
func NewCommand1(name string, receiverObj *Receiver) *Command1 {
    return &Command1{
        name:     name,
        receiver: receiverObj,
    }
}

//Command1 对象执行操作
func (c *Command1) Execute() {
    c.receiver.operation1(c.name)
}

//具体命令类 Command2
type Command2 struct {
    name     string
    receiver *Receiver
}

//初始化 Command2 对象
func NewCommand2(name string, receiverObj *Receiver) *Command2 {
    return &Command2{
        name:     name,
        receiver: receiverObj,
    }
}

//Command2 对象执行操作
func (c *Command2) Execute() {
    c.receiver.operation2(c.name, c.name, c.name)
}
```

（3）定义调用者类及其方法。找到担任调用者职责的类，在这些类中添加存储

命令的成员变量。调用者只能通过命令接口与其命令进行交互。调用者通常并不创
建命令对象，它会通过客户端获取命令对象。示例代码如下：

```go
//调用者类
type Invoker struct {
    cmds []Command
}

//SetCommand()方法主要用于设置具体命令
func (c *Invoker) SetCommand(cmd Command) {
    c.cmds = append(c.cmds, cmd)
}

//ExecuteCommand()方法主要用于执行具体命令
func (c *Invoker) ExecuteCommand() {
    for _, cmd := range c.cmds {
        cmd.Execute()
    }
}

//初始化调用者对象
func NewInvoker() *Invoker {
    return &Invoker{}
}
```

（4）定义接收者类及其方法，示例代码如下：

```go
//接收者类
type Receiver struct {
}

//初始化接收者对象
func NewReceiver() *Receiver {
    return &Receiver{}
}

//接收者对象执行操作1
func (f *Receiver) operation1(a string) {
    fmt.Println("operation1:", a)
}

//接收者对象执行操作2
func (f *Receiver) operation2(a, b, c string) {
    fmt.Println("operation2:", a, b, c)
}
```

（5）创建客户端。客户端必须按照以下顺序来初始化对象。

①创建接收者对象。

②创建命令，如有需要可将其关联至接收者。

③创建发送者并将其与特定命令关联。

示例代码如下：

```
package main

import "github.com/shirdonl/goDesignPattern/chapter4/command/example"

func main() {
    //创建接收者对象
    receiver := example.NewReceiver()
    cc := example.NewInvoker()
    //创建具体命令对象，如果有需要，则可以将其关联至接收者对象
    cmd1 := example.NewCommand1("commandA", receiver)
    cmd2 := example.NewCommand2("commandB", receiver)
    cc.SetCommand(cmd1)
    cc.SetCommand(cmd2)
    //执行命令
    cc.ExecuteCommand()
}
//$ go run main.go
//operation1: commandA
//operation2: commandB commandB commandB
```

4.3.2　Go 语言实战

本实战通过实现台灯的功能，加深读者对命令模式的理解。在日常生活中，用户可以通过以下方式打开台灯。

- 按下遥控器上的 ON 开关。
- 按下台灯上的 ON 开关。

首先实现 ON 命令对象，并且将台灯作为接收者；然后调用 Execute()执行方法，该方法会调用 Light.On()函数，用于打开台灯；最后定义请求者，遥控器和台灯都是请求者，二者都会被嵌入 On 命令对象。

创建独立命令对象的优势在于，可以将 UI 逻辑与底层业务逻辑解耦，这样就

不用为每个请求者开发不同的处理者了。命令对象中包含执行操作所需的全部信息，所以可以延迟执行操作。具体操作步骤如下。

（1）定义调用者类 Button 及其方法 Press()，代码如下：

```go
type Button struct {
    Command Command
}

func (b *Button) Press() {
    b.Command.Execute()
}
```

（2）定义仅有一个执行方法的命令接口 Command，代码如下：

```go
type Command interface {
    Execute()
}
```

（3）定义具体命令类 OnCommand 及其方法 Execute()，代码如下：

```go
type OnCommand struct {
    Device Device
}

func (c *OnCommand) Execute() {
    c.Device.On()
}
```

（4）定义具体命令类 OffCommand 及其方法 Execute()，代码如下：

```go
type OffCommand struct {
    Device Device
}

func (c *OffCommand) Execute() {
    c.Device.Off()
}
```

（5）定义接收者接口 Device，该接口中包含两个方法，分别为 On()方法和 Off()方法，代码如下：

```go
type Device interface {
    On()
    Off()
}
```

（6）定义具体接收者类 Light 及其方法 On()和 Off()，代码如下：

```go
type Light struct {
    isRunning bool
}

func (t *Light) On() {
    t.isRunning = true
    fmt.Println("打开灯...")
}

func (t *Light) Off() {
    t.isRunning = false
    fmt.Println("关闭灯...")
}
```

（7）创建客户端，代码如下：

```go
package main

import (
    "github.com/shirdonl/goDesignPattern/chapter4/command/actualCombat"
)

func main() {
    //初始化具体接收者对象
    Light := &actualCombat.Light{}

    //发送打开命令
    onCommand := &actualCombat.OnCommand{
        Device: Light,
    }

    //发送关闭命令
    offCommand := &actualCombat.OffCommand{
        Device: Light,
    }

    //接收打开命令
    onButton := &actualCombat.Button{
        Command: onCommand,
    }
    //按打开命令键
    onButton.Press()

    //接收关闭命令
```

```
    offButton := &actualCombat.Button{
        Command: offCommand,
    }
    //按关闭命令键
    offButton.Press()
}
//$ go run main-actual-combat.go
//打开灯...
//关闭灯...
```

本节完整代码见本书资源目录 chapter4/command。

4.3.3　优缺点分析

1. 命令模式的优点

- 命令模式可以降低代码的耦合度，并且将请求调用者与请求接收者进行解耦。
- 命令模式的扩展性高。在命令模式中，如果要扩展新命令，那么直接定义新的命令对象即可；如果要执行一组命令，那么给接收者发送一组命令即可。

2. 命令模式的缺点

- 命令模式会增加复杂度。扩展命令会导致类的数量增加，从而增加系统实现的复杂度。
- 命令模式需要针对每个命令都开发一个与之对应的命令类，从而增加代码量。

4.4　迭代器模式

4.4.1　迭代器模式简介

1. 什么是迭代器模式

迭代器模式（Iterator Pattern）可以让开发者在不暴露复杂数据结构内部细节的情况下，遍历其中的所有元素。在迭代器的帮助下，客户端可以利用一个迭代器接口，以相似的方式遍历不同集合中的元素。

迭代器模式的 UML 类图如图 4-5 所示。

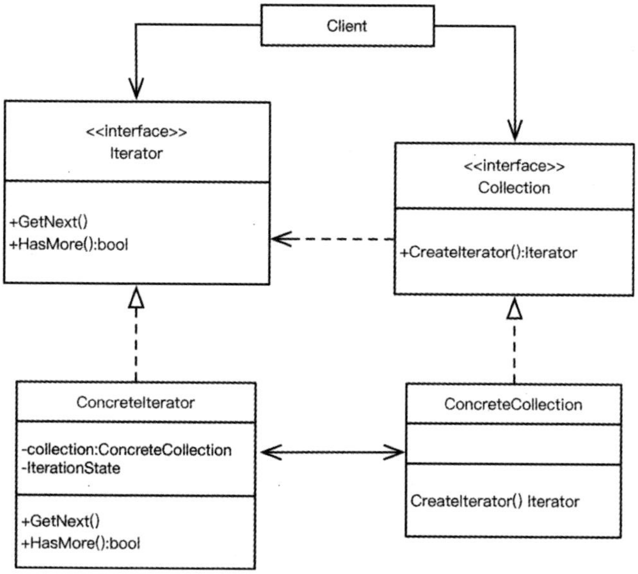

图 4-5

根据图 4-5 可知,迭代器模式的角色组成如下。

- 迭代器(Iterator):一个接口,可以在其中声明遍历集合所需的操作,如获取下一个元素、获取当前位置和重新开始迭代等。
- 具体迭代器(ConcreteIterator):实现遍历集合的一种特定算法的类。迭代器对象必须跟踪自身遍历的进度,因此多个迭代器可以相互独立地遍历同一个集合。
- 集合(Collection):一个接口,可以在其中声明一个或多个方法,用于获取与集合兼容的迭代器。需要注意的是,返回方法的类型必须被声明为迭代器接口,使具体集合可以返回各种不同种类的迭代器。
- 具体集合(ConcreteCollection):是一个类,在客户端请求迭代器时,返回一个特定的具体迭代器对象。

2. 迭代器模式的使用场景

- 如果集合采用复杂的数据结构,并且开发者希望对客户端隐藏其复杂性(出于对便利性或安全性的考虑),则可以使用迭代器模式。迭代器封装了与复杂数据结构进行交互的细节,为客户端提供了多个访问集合元素的简单方法。迭代器模式不但对客户端非常方便,而且在客户端直接与集合交互时,可以避免执行错误或有害操作，从而起到保护集合的作用。

- 如果代码中有对象的集合，并且客户端需要以某种适当的顺序遍历每个集合元素，则可以使用迭代器模式。
- 如果开发者希望代码能够遍历不同的（甚至是无法预知的）数据结构，则可以使用迭代器模式。迭代器模式为集合和迭代器提供了一些通用接口，如果开发者在应用程序中使用了这些接口，那么在将其他实现了这些接口的集合和迭代器传递给该应用程序时，该应用程序仍可以正常运行。

3．迭代器模式的实现方式

（1）定义迭代器接口，该接口必须至少提供一个方法，用于获取集合中的下个元素。为了使用方便，开发者可以添加一些其他方法，用于获取前一个元素、记录当前位置、判断迭代是否已结束等。示例代码如下：

```
//迭代器接口
type Iterator interface {
    //返回是否存在下一个元素
    HasMore() bool

    //递增迭代器，用于指向下一个元素
    GetNext()
}
```

（2）定义集合接口，并且在该接口中添加一个获取迭代器的方法，该方法的返回值必须是迭代器对象。如果需要多组不同的迭代器，则可以声明多个类似的方法。示例代码如下：

```
//集合接口
type Collection interface {
    CreateIterator() Iterator
}
```

（3）定义具体迭代器类，为希望使用迭代器进行遍历的集合提供具体迭代器对象。具体迭代器对象必须与具体集合对象链接。链接关系通常通过具体迭代器类的初始化函数建立。示例代码如下：

```
//初始化具体集合对象，用于创建具体迭代器对象
func (u *ConcreteCollection) CreateIterator() Iterator {
    return &ConcreteIterator{
        IterationState: true,
    }
}
```

```go
//具体迭代器类
type ConcreteIterator struct {
    IterationState bool
}

//具体迭代器类的方法
func (i *ConcreteIterator) HasMore() bool {
    if i.IterationState == true {
        return true
    } else {
        return false
    }
}

//具体迭代器类的方法，用于递增迭代器对象，以便指向下一个元素
func (i *ConcreteIterator) GetNext() {
    if i.HasMore() {
        time.Sleep(1 * time.Second)
        fmt.Println("GetNext")
    }
}
```

（4）定义具体集合类，并且实现集合接口中的方法。其主要思想是针对特定的具体集合对象为客户端提供创建具体迭代器对象的快捷方式。具体集合对象必须使用自身传递给具体迭代器对象的函数创建二者之间的链接。

```go
//具体集合类
type ConcreteCollection struct {
}

//初始化具体集合对象，用于创建具体迭代器对象
func (u *ConcreteCollection) CreateIterator() Iterator {
    return &ConcreteIterator{
        IterationState: true,
    }
}
```

（5）创建客户端，使用迭代器代替所有集合遍历代码。每当客户端需要遍历集合元素时，都会获取一个新的迭代器。示例代码如下：

```go
package main

import (
    "github.com/shirdonl/goDesignPattern/chapter4/iterator/example"
)

func main() {
```

```
   //声明具体集合对象
   concreteCollection := &example.ConcreteCollection{
   }

   //声明具体迭代器对象
   iterator := concreteCollection.CreateIterator()

   //执行具体方法
   for iterator.HasMore() {
       iterator.GetNext()
   }
}
//$ go run main.go
//GetNext
//GetNext
//GetNext
//GetNext
//GetNext
//...省略更多代码
```

4.4.2　Go 语言实战

迭代器模式的主要思想是将集合背后的迭代逻辑提取至不同的、名为迭代器的对象中。迭代器模式提供了一种泛型方法，用于在集合上进行迭代，并且不受其类型影响。本实战的 UML 类图如图 4-6 所示。

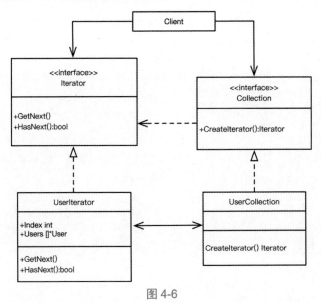

图 4-6

（1）定义集合接口 Collection，代码如下：

```go
type Collection interface {
    CreateIterator() Iterator
}
```

（2）定义具体集合类 UserCollection 及其方法，代码如下：

```go
type UserCollection struct {
    Users []*User
}

func (u *UserCollection) CreateIterator() Iterator {
    return &UserIterator{
        Users: u.Users,
    }
}
```

（3）定义迭代器接口 Iterator，代码如下：

```go
type Iterator interface {
    HasNext() bool
    GetNext() *User
}
```

（4）定义具体迭代器类 UserIterator 及其方法，代码如下：

```go
type UserIterator struct {
    Index int
    Users []*User
}

func (u *UserIterator) HasNext() bool {
    if u.Index < len(u.Users) {
        return true
    }
    return false
}
func (u *UserIterator) GetNext() *User {
    if u.HasNext() {
        user := u.Users[u.Index]
        u.Index++
        return user
    }
    return nil
}
```

（5）定义用户类 User，代码如下：

```go
type User struct {
    Name string
    Age  int
}
```

（6）创建客户端，代码如下：

```go
package main

import (
    "fmt"
    "github.com/shirdonl/goDesignPattern/chapter4/iterator/actualCombat"
)

func main() {

    //声明用户对象user1
    user1 := &actualCombat.User{
        Name: "Jack",
        Age: 30,
    }
    //声明用户对象user2
    user2 := &actualCombat.User{
        Name: "Barry",
        Age: 20,
    }

    //声明具体集合对象
    userCollection := &actualCombat.UserCollection{
        Users: []*actualCombat.User{user1, user2},
    }

    //声明具体迭代器对象
    iterator := userCollection.CreateIterator()

    //执行具体方法
    for iterator.HasNext() {
        user := iterator.GetNext()
        fmt.Printf("User is %+v\n", user)
    }
}
//$ go run main-actual-combat.go
//User is &{Name:Jack Age:30}
//User is &{Name:Barry Age:20}
```

本节完整代码见本书资源目录 chapter4/iterator。

4.4.3　优缺点分析

1．迭代器模式的优点

- 使用迭代器模式可以减少程序中重复的遍历代码。重要迭代算法的代码通常体积非常庞大。当这些代码被放置在程序业务逻辑中时，它会让原始代码的职责模糊不清，降低其可维护性。因此，将遍历代码移动到特定的迭代器中，可以使程序代码更加精炼和简洁。
- 迭代器模式易于实现和可读。迭代器模式通过实现迭代器接口的具体迭代器类，可以提供遍历集合元素的方法。
- 迭代器模式支持以不同的方式遍历一个聚合对象，在同一个聚合对象上可以定义多种遍历方式。
- 迭代器模式简化了聚合类。在使用迭代器模式时，原有的聚合对象不需要提供数据遍历访问的方法。此外，因为客户端或上下文不使用复杂的接口，所以系统更加灵活和可重用。
- 迭代器模式可以为不同的聚合结构提供一个统一的接口。
- 迭代器模式可以实现并行迭代。开发者可以并行迭代同一个集合，因为每个迭代器对象都包含自己的迭代状态。

2．迭代器模式的缺点

- 迭代器模式将存储数据和遍历数据的职责分开，如果要添加新的聚合类，则需要添加对应的迭代器类，提高了系统复杂性。
- 使用迭代器模式比直接访问某些特殊集合中元素的执行效率低，比直接访问元素使用更多的内存资源。

4.5　中介者模式

4.5.1　中介者模式简介

1．中介者模式简介

中介者模式（Mediator Pattern）通过在中间引入一个层，实现对象的解耦，以便对象之间的交互通过该层发生。如果对象之间直接交互，那么系统组件之间是紧密耦合的，使维护成本提高，但是更易于扩展。中介者模式专注于在对象之间提供一个中介者进行通信，并且帮助实现对象之间实现丢失耦合。

中介者模式的 UML 类图如图 4-7 所示。

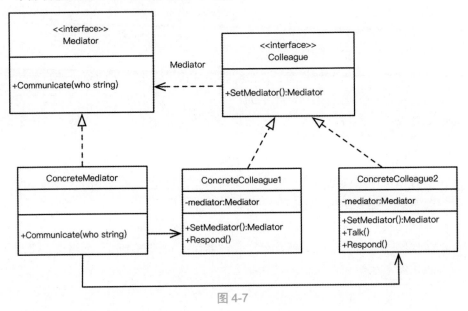

图 4-7

根据图 4-7 可知，中介者模式包含的主要角色组成如下。

- 中介者（Mediator）：一个接口，主要用于提供注册同事对象与转发同事对象信息的抽象方法。
- 同事（Colleague）：一个接口，主要用于存储中介者对象，提供与具体同事对象进行交互的抽象方法，实现所有相互影响的具体同事类的公共功能。
- 具体同事（ConcreteColleague）：实现同事接口的类，只知道自己的行为，不了解其他具体同事类的情况，但它们都认识中介者对象。
- 具体中介者（ConcreteMediator）：实现中介者接口的类，主要用于封装多种组件间的关系。具体中介者通常会存储所有组件的引用并对其进行管理，有时甚至会对其生命周期进行管理。

组件并不知道其他组件的情况，如果组件内发生了重要事件，则只能通知中介者。中介者在收到通知后，可以轻易地确定发送者，这或许可以判断接下来需要触发哪个组件。

对组件来说，中介者看上去完全就是一个黑箱。发送者不知道最终由谁处理自己的请求，接收者也不知道最初是谁发出的请求。

2. 中介者模式的使用场景

- 当开发者发现自己创建过多的组件子类只是为了在不同的上下文中重用一些基本行为时，可以使用中介者模式。因为组件之间的所有关系都包含在中介者中，所以很容易通过添加额外的具体中介者类定义这些组件进行协作的替代方式，无须更改组件本身。
- 当某些类因为与大量其他类密切相关而难以更改时，可以使用中介者模式。中介者模式允许开发者将类之间的所有关系分离到一个新类中，并且将对单个组件的任何更改与其他部分分离。
- 当开发者因为过于依赖其他组件而无法在另一个应用程序中重用某个组件时，可以使用中介者模式。当开发者使用中介者模式时，各个组件会忽略其他组件，但它们仍然可以通过中介者进行交流。如果开发者需要在另一个项目中重用一个组件，则必须为它提供一个新的中介类。

3. 中介者模式的实现方式

（1）定义同事接口，示例代码如下：

```
//同事接口
type Colleague interface {
    SetMediator(mediator Mediator)
}
```

（2）定义中介者接口，并且描述中介者对象和具体同事对象之间所需的交流接口。在通常情况下，只需要一个接收具体同事对象通知的方法。如果开发者希望在不同的情况下复用同事类，那么该接口非常重要。只要具体同事对象使用通用接口与其中介者对象合作，开发者就可以将该具体同事对象与不同实现中的中介者对象进行连接。示例代码如下：

```
//中介者接口，描述中介者对象和具体同事对象之间通信的接口
type Mediator interface {
    Communicate(who string)
}
```

（3）定义具体中介者类及其方法，示例代码如下：

```
//具体中介者类
```

```
type ConcreteMediator struct {
    ConcreteColleague1
    ConcreteColleague2
}

//创建一个具体中介者对象
func NewMediator() *ConcreteMediator {
    mediator := &ConcreteMediator{}
    mediator.ConcreteColleague1.SetMediator(mediator)
    mediator.ConcreteColleague2.SetMediator(mediator)
    return mediator
}

//具体中介者对象的通信方法
//用于在 ConcreteColleague1 对象和 ConcreteColleague2 对象之间进行通信
func (m *ConcreteMediator) Communicate(who string) {
    if who == "ConcreteColleague2" {
        m.ConcreteColleague1.Respond()
        return
    } else if who == "ConcreteColleague1" {
        m.ConcreteColleague2.Respond()
        return
    }
}
```

（4）定义具体同事类，设置中介者对象，并且定义具体同事类的方法。修改具体同事类的代码，使其可以调用中介者对象的通信方法，而非其他具体同事类的方法。然后将调用其他具体同事类的代码抽取到中介者类中，并且在中介者对象接收到该具体同事对象通知时执行这些代码。示例代码如下：

```
//具体同事类 ConcreteColleague1
type ConcreteColleague1 struct {
    mediator Mediator
}

//设置中介者对象
func (b *ConcreteColleague1) SetMediator(mediator Mediator) {
    b.mediator = mediator
}

//执行动作
func (b *ConcreteColleague1) Respond() {
    fmt.Println("具体同事 1: ConcreteColleague1 回复中...")
    b.mediator.Communicate("ConcreteColleague1")
    return
```

```
}

//具体同事类 ConcreteColleague2
type ConcreteColleague2 struct {
    mediator Mediator
}

//设置中介者对象
func (t *ConcreteColleague2) SetMediator(mediator Mediator) {
    t.mediator = mediator
}

//通过中介者对象进行谈话
func (t *ConcreteColleague2) Talk() {
    fmt.Println("通过中介者谈话")
    t.mediator.Communicate("ConcreteColleague2")
}

//执行动作
func (t *ConcreteColleague2) Respond() {
    fmt.Println("具体同事 2：ConcreteColleague2 回复中...")
}
```

（5）创建客户端，示例代码如下：

```
package main

import "github.com/shirdonl/goDesignPattern/chapter4/mediator/example"

func main() {
    mediator := example.NewMediator()
    mediator.ConcreteColleague2.Talk()
}
//$ go run main.go
//通过中介者谈话
//具体同事 1：ConcreteColleague1 回复中...
//具体同事 2：ConcreteColleague2 回复中...
```

4.5.2　Go 语言实战

　　火车站交通系统是中介者模式的一个绝佳例子。两列火车不会在站台的空闲状态进行通信。车站经理 StationManager 可以充当中介者，让平台只可以由一列进站火车使用，将其他火车放在队列中等待。出站火车会向车站发送通知，便于队列中的下一列火车进站。本实战的 UML 类图如图 4-8 所示。

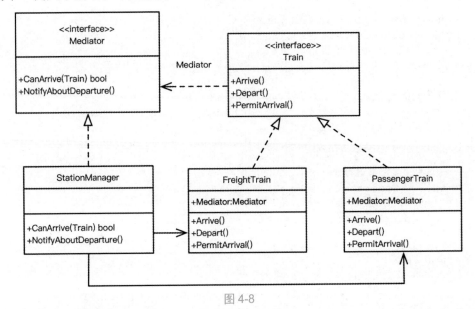

图 4-8

（1）定义同事接口 Train，代码如下：

```go
type Train interface {
    Arrive()
    Depart()
    PermitArrival()
}
```

（2）定义具体同事类 PassengerTrain（客运火车类）及其方法，代码如下：

```go
//客运火车类
type PassengerTrain struct {
    Mediator Mediator
}

//火车到达
func (p *PassengerTrain) Arrive() {
    if !p.Mediator.CanArrive(p) {
        fmt.Println("PassengerTrain: Arrival blocked, waiting")
        return
    }
    fmt.Println("PassengerTrain: Arrived")
}

//火车离开
```

```
func (p *PassengerTrain) Depart() {
    fmt.Println("PassengerTrain: Leaving")
    p.Mediator.NotifyAboutDeparture()
}

//允许到达
func (p *PassengerTrain) PermitArrival() {
    fmt.Println("PassengerTrain: Arrival permitted, arriving")
    p.Arrive()
}
```

（3）定义具体同事类 FreightTrain（货运火车类）及其方法，代码如下：

```
//货运火车类
type FreightTrain struct {
    Mediator Mediator
}

//火车到达
func (g *FreightTrain) Arrive() {
    if !g.Mediator.CanArrive(g) {
        fmt.Println("FreightTrain: Arrival blocked, waiting")
        return
    }
    fmt.Println("FreightTrain: Arrived")
}

//火车离开
func (g *FreightTrain) Depart() {
    fmt.Println("FreightTrain: Leaving")
    g.Mediator.NotifyAboutDeparture()
}

//允许到达
func (g *FreightTrain) PermitArrival() {
    fmt.Println("FreightTrain: Arrival permitted")
    g.Arrive()
}
```

（4）定义中介者接口 Mediator，代码如下：

```
type Mediator interface {
    CanArrive(Train) bool
    NotifyAboutDeparture()
}
```

（5）定义具体中介者类 StationManager 及其方法，代码如下：

```go
type StationManager struct {
    isPlatformFree bool
    trainQueue     []Train
}

func NewStationManger() *StationManager {
    return &StationManager{
        isPlatformFree: true,
    }
}
```

```go
func (s *StationManager) CanArrive(t Train) bool {
    if s.isPlatformFree {
        s.isPlatformFree = false
        return true
    }
    s.trainQueue = append(s.trainQueue, t)
    return false
}

func (s *StationManager) NotifyAboutDeparture() {
    if !s.isPlatformFree {
        s.isPlatformFree = true
    }
    if len(s.trainQueue) > 0 {
        firstTrainInQueue := s.trainQueue[0]
        s.trainQueue = s.trainQueue[1:]
        firstTrainInQueue.PermitArrival()
    }
}
```

（6）创建客户端，代码如下：

```go
package main

import (
    "github.com/shirdonl/goDesignPattern/chapter4/mediator/actualCombat"
)

func main() {
    //声明具体中介者对象
    stationManager := actualCombat.NewStationManger()

    //声明客运火车对象
    passengerTrain := &actualCombat.PassengerTrain{
        Mediator: stationManager,
```

```
    }
    //声明货运火车对象
    freightTrain := &actualCombat.FreightTrain{
        Mediator: stationManager,
    }

    passengerTrain.Arrive()
    freightTrain.Arrive()
    passengerTrain.Depart()
}
//$ go run main-actual-combat.go
//PassengerTrain: Arrived
//FreightTrain: Arrival blocked, waiting
//PassengerTrain: Leaving
//FreightTrain: Arrival permitted
//FreightTrain: Arrived
```

本节完整代码见本书资源目录 chapter4/mediator。

4.5.3　优缺点分析

1. 中介者模式的优点

- 中介者模式可以减少类之间的依赖，将原来一对多的依赖变成一对一的依赖，并且降低类之间的耦合度。
- 中介者模式解耦了组件类。一个组件只依赖于中介者。中介者模式使多对多交互变成了一对多交互。
- 在中介者模式中，开发者可以用不同的对象替换结构中的一个对象，而不会影响类和接口。
- 整个逻辑都封装在中介者接口中，如果开发者需要给一个类添加依赖，则只需扩展中介者接口。
- 中介者模式简化了类之间的通信，如果一个具体同事对象需要与其他具体同事对象进行通信，那么它只需向具体中介者对象发送命令。

2. 中介者模式的缺点

- 在中介者模式中，具体中介者类会膨胀得很大，并且逻辑复杂，将原本 N 个对象之间的直接依赖关系转换为具体中介者类和具体同事类之间的依赖关系，具体同事类越多，具体中介者类的逻辑越复杂。

- 在一段时间后，具体中介者对象可能会演化成为上帝对象。具体中介者类中包含具体同事对象之间的交互细节，可能会导致具体中介者类非常复杂，使系统难以维护。

4.6 备忘录模式

4.6.1 备忘录模式简介

1. 什么是备忘录模式

备忘录模式（Memento Pattern）允许生成对象状态的快照并在以后将其还原。备忘录模式不会影响它所处理的对象的内部结构，也不会影响快照中存储的数据。

备忘录模式的 UML 类图如图 4-9 所示。

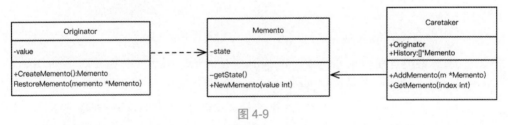

图 4-9

根据图 4-9 可知，备忘录模式的角色说明如下。

- 原发器（Originator）：主要用于生成自身状态的快照，在需要时可以通过快照恢复自身状态。
- 备忘录（Memento）：原发器状态快照的值对象（Value Object）。通常将备忘录类设置为不可变的类，并且通过构造函数一次性传递数据。
- 负责人（Caretaker）：仅知道何时和为何捕捉原发器的状态，以及何时恢复原发器的状态。负责人通过存储备忘录的栈记录原发器的历史状态。当原发器需要回溯历史状态时，负责人会从栈中获取顶部的备忘录，并且将其传递给原发器的状态恢复（Restoration）方法。在该实现方法中，将备忘录类嵌套在原发器中。这样，原发器就可以访问备忘录中的成员变量和方法了，即使这些方法被声明为私有。此外，负责人对备忘录中成员变量和方法的访问权限非常有限：只能在栈中存储备忘录，不能修改其状态。

2. 备忘录模式的使用场景

- 如果开发者需要创建对象状态快照，用于恢复其之前的状态，则可以使用备忘录模式。备忘录模式可以应用于对象状态不断变化的任何应用程序中，应用程序的用户可以随时回滚或撤销命令。例如，在代码编辑器中，用户可以使用简单的撤销或重做命令恢复或应用任何代码更改。
- 如果直接访问对象的成员变量、获取器或设置器会导致封装被突破，则可以使用备忘录模式。
- 在从上一个已知工作状态中重新启动的应用程序中，可以使用备忘录模式。例如，使用备忘录模式，可以保存在用户关闭 IDE（Integrated Development Environment，集成开发环境）前所做的更改。

3. 备忘录模式的实现方式

（1）确定原发器类，明确程序使用的是一个原发器中心对象，还是多个较小的对象。

（2）定义备忘录类。逐个声明对应每个原发器成员变量的备忘录成员变量。将备忘录类设置为不可变的类。备忘录类只能通过构造函数一次性接收数据，该类中不能包含原发器。示例代码如下：

```go
//备忘录类
type Memento struct {
    state int
}

//创建一个新的备忘录对象
func NewMemento(value int) *Memento {
    return &Memento{value}
}
```

（3）定义原发器类及其方法。原发器类必须通过备忘录类的构造函数的一个或多个实际参数将自身状态传递给备忘录类。示例代码如下：

```go
//原发器类
type Originator struct {
    value int
}
```

```go
//创建一个新的原发器对象
func NewOriginator(value int) *Originator {
    return &Originator{value}
}

//原发器类的方法 TenTimes()，主要用于将数字的值乘以 10 倍
func (n *Originator) TenTimes() {
    n.value = 10 * n.value
}

//原发器类的方法 HalfTimes()，主要用于获取数字值的一半
func (n *Originator) HalfTimes() {
    n.value /= 2
}

//原发器类的方法 Value()，主要用于返回数字的值
func (n *Originator) Value() int {
    return n.value
}

//使用原发器对象创建一个备忘录对象
func (n *Originator) CreateMemento() *Memento {
    return NewMemento(n.value)
}
```

在原发器类中添加一个用于恢复自身状态的方法 RestoreMemento()，该方法主要用于接受备忘录对象作为参数。示例代码如下：

```go
//将原发器对象的值恢复为指定版本的备忘录对象的值
func (n *Originator) RestoreMemento(memento *Memento) {
    n.value = memento.state
}
```

（4）定义负责人类及其方法，示例代码如下：

```go
//负责人类
type Caretaker struct {
    MementoArray []*Memento
}

//添加备忘录对象
func (c *Caretaker) AddMemento(m *Memento) {
    c.MementoArray = append(c.MementoArray, m)
}

//获取备忘录对象
func (c *Caretaker) GetMemento(index int) *Memento {
```

```
    return c.MementoArray[index]
}
```

（5）创建客户端，示例代码如下：

```go
package main

import (
    "fmt"
    "github.com/shirdonl/goDesignPattern/chapter4/memento/example"
)

func main() {
    //声明负责人对象
    Caretaker := &example.Caretaker{
        MementoArray: make([]*example.Memento, 0),
    }

    //声明原发器对象
    n := example.NewOriginator(100)

    //添加备忘录对象
    Caretaker.AddMemento(n.CreateMemento())
    n.TenTimes()
    fmt.Printf("Originator 当前的值: %d\n", n.Value())

    //添加备忘录对象
    Caretaker.AddMemento(n.CreateMemento())
    n.TenTimes()
    fmt.Printf("Originator 当前的值: %d\n", n.Value())

    //恢复原发器对象的值
    n.RestoreMemento(Caretaker.GetMemento(0))
    fmt.Printf("恢复备忘录后 Originator 当前的值: %d\n", n.Value())
}
//$ go run main.go
//Originator 当前的值: 1000
//Originator 当前的值: 10000
//恢复备忘录后 Originator 当前的值: 100
```

4.6.2　Go 语言实战

使用备忘录模式可以存储对象状态的快照，可以使用这些快照将对象恢复到之前的状态。这在需要在对象上实现“撤销-重做”操作时非常实用。本实战的 UML

类图如图 4-10 所示。

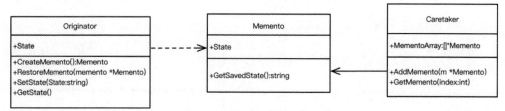

图 4-10

（1）定义原发器类 Originator 及其方法，代码如下：

```go
//原发器类
type Originator struct {
    State string
}

//创建备忘录对象
func (e *Originator) CreateMemento() *Memento {
    return &Memento{State: e.State}
}

//恢复原发器对象的状态
func (e *Originator) RestoreMemento(m *Memento) {
    e.State = m.GetSavedState()
}

//设置状态
func (e *Originator) SetState(State string) {
    e.State = State
}

//获取状态
func (e *Originator) GetState() string {
    return e.State
}
```

（2）定义备忘录类及其方法，代码如下：

```go
//备忘录类
type Memento struct {
    State string
}

//获取设置好的状态
func (m *Memento) GetSavedState() string {
```

```
        return m.State
}
```

（3）定义负责人类及其方法，代码如下：

```
//负责人类
type Caretaker struct {
    MementoArray []*Memento
}

//添加备忘录对象
func (c *Caretaker) AddMemento(m *Memento) {
    c.MementoArray = append(c.MementoArray, m)
}

//获取备忘录对象
func (c *Caretaker) GetMemento(index int) *Memento {
    return c.MementoArray[index]
}
```

（4）创建客户端，代码如下：

```
package main

import (
    "fmt"
    "github.com/shirdonl/goDesignPattern/chapter4/memento/actualCombat"
)

func main() {

    //声明负责人对象
    Caretaker := &actualCombat.Caretaker{
        MementoArray: make([]*actualCombat.Memento, 0),
    }

    //声明原发器对象
    Originator:=new(actualCombat.Originator)
    Originator.State="One"

    fmt.Printf("Originator 当前状态: %s\n", Originator.GetState())
    //添加备忘录对象
    Caretaker.AddMemento(Originator.CreateMemento())

    Originator.SetState("Two")
    fmt.Printf("Originator 当前状态: %s\n", Originator.GetState())
    //添加备忘录对象
```

```
    Caretaker.AddMemento(Originator.CreateMemento())

    Originator.SetState("Three")
    fmt.Printf("Originator 当前状态: %s\n", Originator.GetState())
    //添加备忘录对象
    Caretaker.AddMemento(Originator.CreateMemento())

    //恢复原发器对象的状态
    Originator.RestoreMemento(Caretaker.GetMemento(1))
    fmt.Printf("恢复到状态: %s\n", Originator.GetState())
    //恢复原发器对象的状态
    Originator.RestoreMemento(Caretaker.GetMemento(0))
    fmt.Printf("恢复到状态: %s\n", Originator.GetState())
}
//$ go run main-actual-combat.go
//Originator 当前状态: One
//Originator 当前状态: Two
//Originator 当前状态: Three
//恢复到状态: Two
//恢复到状态: One
```

本节完整代码见本书资源目录 chapter4/memento。

4.6.3 优缺点分析

1. 备忘录模式的优点

- 开发者可以使用序列化实现更通用的备忘录模式实现，而不是每个对象都需要有自己的备忘录类实现的备忘录模式。
- 开发者可以在不破坏对象封装情况的前提下创建对象状态快照。
- 开发者可以让负责人维护原发器对象状态的历史记录，从而简化原发器类的代码。

2. 备忘录模式的缺点

- 如果客户端过于频繁地创建备忘录对象，那么程序会消耗大量内存资源。
- 负责人必须完整地跟踪原发器对象的生命周期，才能销毁弃用的备忘录对象。
- 大部分动态编程语言（如 PHP、Python 和 JavaScript）都不能确保备忘录对象中的状态不被修改。

4.7　观察者模式

4.7.1　观察者模式简介

1. 什么是观察者模式

　　观察者模式（Observer Pattern）定义了对象之间的一对多依赖关系，当一个对象的状态发生变化时，观察者模式的所有依赖关系都会自动得到通知和更新。观察者模式允许一个对象将其状态的改变通知其他对象。观察者模式提供了一种作用于任意一个实现了订阅者接口的对象的机制，可以对其事件进行订阅和取消订阅。

　　观察者模式的 UML 类图如图 4-11 所示。

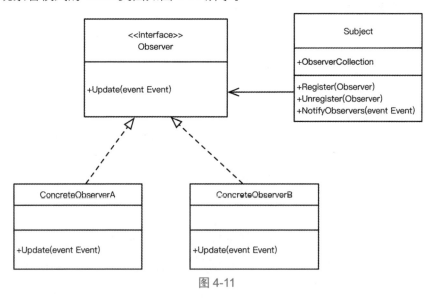

图 4-11

　　根据图 4-11 可知，观察者模式的角色组成如下。

- 抽象主题（Subject）：提供了一个用于存储观察者对象的聚集类和用于增加、删除观察者对象的方法，以及通知所有观察者的抽象方法。
- 观察者（Observer）：一个抽象类或接口，包含一个更新自己的抽象方法，当接到具体主题对象的更改通知时被调用。
- 具体观察者（ConcreteObserver）：实现观察者抽象类或接口中定义的抽象方法，以便在得到目标的更改通知时更新自身的状态。

- 客户端（Client）：分别创建抽象主题对象和观察者对象，然后为观察者对象注册抽象主题对象的相关信息。

2. 观察者模式的使用场景

- 当对象之间存在一对多关系时，可以使用观察者模式。例如，如果一个对象被修改，那么它的依赖对象会被自动通知。
- 如果一个对象状态的改变需要改变其他对象，或者实际对象是事先未知的或动态变化的，则可以使用观察者模式。观察者模式允许任何实现了订阅者接口的对象订阅发布者对象的事件通知。开发者可以在按钮中添加订阅机制，允许客户端通过自定义订阅类注入自定义代码。
- 当应用程序中的一些对象必须观察其他对象时，在有限时间内或特定情况下，可以使用观察者模式。订阅列表是动态的，因此订阅者可以随时加入或离开该列表。

3. 观察者模式的实现方式

（1）定义要观察和通知的事件及观察者接口，示例代码如下：

```
//要观察和通知的事件
type Event struct {
    Id string
}

//观察者接口
type Observer interface {
    Update(event Event)
}
```

（2）定义具体观察者类，并且至少声明一个 Update() 方法，示例代码如下：

```
//具体观察者类
type ConcreteObserver struct {
    name string
}

//创建一个新的具体观察者对象
func NewObserver(name string) Observer {
    return &ConcreteObserver{name}
}

//具体观察者类的方法
```

```go
func (o *ConcreteObserver) Update(event Event) {
    fmt.Printf("ConcreteObserver '%s' received event '%s'\n", o.name,
event.Id)
}
```

（3）定义抽象主题类，用于在具体观察者集合列表中注册和删除具体观察者对象，示例代码如下：

```go
//抽象主题类
type Subject struct {
    ObserverCollection []Observer
}

//注册一个新的具体观察者对象
func (e *Subject) Register(obs Observer) {
    e.ObserverCollection = append(e.ObserverCollection, obs)
}

//取消注册具体观察者对象
func (e *Subject) Unregister(obs Observer) {
    for i := 0; i < len(e.ObserverCollection); i++ {
        if obs == e.ObserverCollection[i] {
            e.ObserverCollection = append(e.ObserverCollection[:i],
e.ObserverCollection[i+1:]...)
        }
    }
}
```

（4）在具体观察者类中实现通知更新的方法。大部分具体观察者对象都需要一些与事件相关的上下文数据，这些数据可以作为通知方法的参数进行传递。示例代码如下：

```go
//通知所有具体观察者集合
func (e *Subject) NotifyObservers(event Event) {
    for i := 0; i < len(e.ObserverCollection); i++ {
        e.ObserverCollection[i].Update(event)
    }
}
```

（5）创建客户端。客户端必须生成所需的所有具体观察者对象，并且在相应的抽象主题对象处完成注册工作。示例代码如下：

```go
package main

import "github.com/shirdonl/goDesignPattern/chapter4/observer/example"
```

```go
func main() {
    event := example.Event{"event"}
    observer := example.NewObserver("Barry")
    observer.Update(event)

    notifier := example.Subject{}
    observers := []example.Observer{
        example.NewObserver("Barry"),
        example.NewObserver("Jack"),
        example.NewObserver("Shirdon"),
    }

    for i := 0; i < len(observers); i++ {
        notifier.Register(observers[i])
    }
    notifier.Unregister(observers[1])
    notifier.NotifyObservers(example.Event{"Received an email!"})
}
//$ go run main.go
//ConcreteObserver 'Barry' received event 'event'
//ConcreteObserver 'Barry' received event 'Received an email!'
//ConcreteObserver 'Shirdon' received event 'Received an email!'
```

4.7.2　Go 语言实战

在电商网站中，有时会出现商品缺货的情况，可能会有客户对缺货的特定商品表现出兴趣。这个问题有以下 3 种解决方案。

- 客户以一定的频率查看商品的可用性。
- 电商网站向客户发送有库存的所有新商品。
- 客户只订阅其感兴趣的特定商品，在商品有货时便会收到通知。同时，多名客户可以订阅同一款产品。

第 3 种解决方案是最具可行性的，这其实就是观察者模式的思想。

观察者模式的主要组成部分如下。

- 会在有任意事件发生时发布事件的主题。
- 订阅了主题事件并在事件发生时接收通知的观察者。

（1）定义发布事件的主题接口 Subject，代码如下：

```
//主题接口
type Subject interface {
    Register(Observer Observer)
    Deregister(Observer Observer)
    NotifyAll()
}
```

（2）定义发布事件的具体主题类 Product（商品类）及其方法，代码如下：

```
//商品类
type Product struct {
    ObserverList []Observer
    name         string
    inStock      bool
}

//更新库存状态
func (i *Product) UpdateAvailability() {
    fmt.Printf("商品%s 现在上架了~\n", i.name)
    i.inStock = true
    i.NotifyAll()
}

//注册到观察者对象列表
func (i *Product) Register(o Observer) {
    i.ObserverList = append(i.ObserverList, o)
}

//从观察者对象列表删除
func (i *Product) Deregister(o Observer) {
    i.ObserverList = RemoveFromslice(i.ObserverList, o)
}

//通知所有用户
func (i *Product) NotifyAll() {
    for _, Observer := range i.ObserverList {
        Observer.Update(i.name)
    }
}

func RemoveFromslice(ObserverList []Observer, ObserverToRemove
Observer) []Observer {
    ObserverListLength := len(ObserverList)
    for i, Observer := range ObserverList {
        if ObserverToRemove.GetID() == Observer.GetID() {
```

```
        ObserverList[ObserverListLength-1], ObserverList[i] =
ObserverList[i], ObserverList[ObserverListLength-1]
            return ObserverList[:ObserverListLength-1]
        }
    }
    return ObserverList
}
```

（3）定义观察者接口 Observer，代码如下：

```
package pkg

//观察者接口
type Observer interface {
    Update(string)
    GetID() string
}
```

（4）定义具体观察者类 User，代码如下：

```
//具体观察者类
type User struct {
    Id string
}

//更新
func (c *User) Update(ProductName string) {
    fmt.Printf("发送邮件给用户：%s，商品：%s 上架啦~ \n", c.Id, ProductName)
}

//获取编号
func (c *User) GetID() string {
    return c.Id
}
```

（5）创建客户端，代码如下：

```
package main

import (
    "github.com/shirdonl/goDesignPattern/chapter4/observer/
actualCombat"
)

func main() {

    //声明商品对象
    bookProduct := actualCombat.NewProduct("《Go 语言高级开发与实战》")
```

```
    ObserverFirst := &actualCombat.User{Id: "shirdonliao@gmail.com"}
    ObserverSecond := &actualCombat.User{Id: "barry@gmail.com"}

    //通知第一个用户
    bookProduct.Register(ObserverFirst)
    //通知第二个用户
    bookProduct.Register(ObserverSecond)

    //更新库存
    bookProduct.UpdateAvailability()
}
//$ go run main-actual-combat.go
//商品《Go 语言高级开发与实战》现在上架了～
//发送邮件给用户：shirdonliao@gmail.com，商品：《Go 语言高级开发与实战》
上架啦～
//发送邮件给用户：barry@gmail.com，商品：《Go 语言高级开发与实战》上架啦～
```

本节完整代码见本书资源目录 chapter4/observer。

4.7.3　优缺点分析

1. 观察者模式的优点

● 观察者模式在交互的对象之间提供了松散耦合的设计。松散耦合的对象可
以满足不断变化的需求。这里的松散耦合意味着交互对象之间应该有更少
的信息。

● 观察者模式遵循开闭原则。开发者无须修改发布者代码，就能引入新的订阅
者类（如果是发布者接口，则可以轻松引入发布者类）。

● 开发者可以在运行时建立对象之间的联系。

2. 观察者模式的缺点

● 如果一个观察目标对象有很多直接或间接的观察者对象，那么通知所有的观
察者对象会花费很多时间。

● 如果在观察者对象和观察目标对象之间存在循环依赖，那么观察目标对象会
触发它们之间的循环调用，可能导致系统崩溃。

● 如果使用观察者模式，那么观察者对象只知道观察目标对象发生了变化，不
知道所观察的目标对象是怎么发生变化的。

4.8　状态模式

4.8.1　状态模式简介

1．什么是状态模式

在采用状态模式（State Pattern）时，对于有状态的对象，可以将复杂的判断逻辑提取到不同的状态对象中，允许状态对象在其内部状态发生改变时改变其行为。状态模式让我们能在一个对象的内部状态发生改变时改变其行为，该模式将与状态有关的行为抽取到独立的状态类中，让原对象将工作委派给这些类的对象，而不是自行进行处理。

状态模式的 UML 类图如图 4-12 所示。

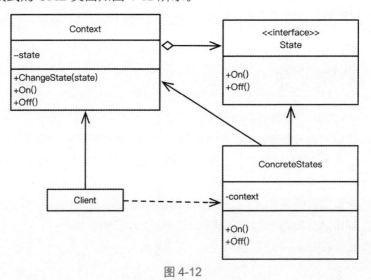

图 4-12

根据图 4-12 可知，状态模式的角色组成如下。

- 上下文（Context）：该类中存储了对一个具体状态对象的引用，并且会将所有与该状态有关的工作委派给它。上下文对象通过状态接口与状态对象进行交互，并且会提供一个设置器，用于传递新的状态对象。
- 状态（State）：声明特定状态方法的接口。这些方法可以被具体状态对象所理解，因为我们不希望某些状态方法永远不被调用。

- 具体状态（ConcreteStates）：自行实现特定状态方法的类。为了避免多个具体状态类中包含相似的代码，开发者可以提供一个封装有部分通用行为的中间抽象类。具体状态对象中可以存储对上下文对象的反向引用。具体状态对象可以通过该引用从上下文对象处获取所需信息，并且可以触发状态转移。

　　上下文对象和具体状态对象都可以设置上下文对象的下个状态，并且可以通过替换连接到上下文对象的具体状态对象，完成实际的状态转换工作。

2. 状态模式的使用场景

- 如果对象需要根据自身的当前状态进行不同的行为，状态的数量非常多，并且与状态有关的代码会频繁变更，则可以使用状态模式。状态模式建议开发者将所有特定于状态的代码抽取到一组独立的类中，使开发者可以在独立于其他状态的情况下添加新状态或修改已有状态，从而降低维护成本。
- 如果某个类需要根据成员变量的当前值改变自身行为，并且需要使用大量的条件语句，则可以使用状态模式。状态模式会将这些条件语句的分支抽取到相应状态类的方法中。此外，开发者可以清除主要类中与特定状态有关的临时成员变量和方法。
- 如果相似状态和基于条件的状态机转换中存在大量重复代码，则可以使用状态模式。状态模式让开发者能够生成状态类层次结构，通过将公用代码抽取到抽象基类中减少重复代码。

3. 状态模式的实现方式

（1）定义上下文类及其方法，示例代码如下：

```
//上下文类，定义了可以打开和关闭的状态
type Context struct {
    state State
}

//初始化上下文对象
func NewContext() *Context {
    fmt.Println("Context 准备好了")
    return &Context{NewConcreteStateB()}
}

//设置上下文对象的当前状态
func (c *Context) ChangeState(s State) {
    c.state = s
```

```
}

//按下打开按钮
func (c *Context) On() {
    c.state.On(c)
}

//按下关闭按钮
func (c *Context) Off() {
    c.state.Off(c)
}
```

（2）定义状态接口，示例代码如下：

```
//描述了上下文的内部状态
type State interface {
    On(m *Context)
    Off(m *Context)
}
```

（3）定义具体状态类及其方法，示例代码如下：

```
//具体状态类 ConcreteStateA，主要用于描述打开按钮的状态
type ConcreteStateA struct {
    context Context
}

//创建具体状态类 ConcreteStateA 的一个新的对象
func NewConcreteStateA() State {
    return &ConcreteStateA{}
}

//具体状态类 ConcreteStateA 的打开方法
func (cs *ConcreteStateA) On(m *Context) {
    fmt.Println("已经打开了~")
}

//将状态从打开切换为关闭
func (cs *ConcreteStateA) Off(m *Context) {
    fmt.Println("将状态从打开切换到关闭~")
    m.ChangeState(NewConcreteStateB())
}

//具体状态类 ConcreteStateB，主要用于描述关闭按钮的状态
type ConcreteStateB struct {
    Context
}
```

```go
//创建具体状态类 ConcreteStateB 的一个新的对象
func NewConcreteStateB() State {
    return &ConcreteStateB{}
}

//将状态从关闭切换为打开
func (cs *ConcreteStateB) On(m *Context) {
    fmt.Println("将状态从关闭切换到打开~")
    m.ChangeState(NewConcreteStateA())
}

//具体状态类 ConcreteStateB 的关闭方法
func (cs *ConcreteStateB) Off(m *Context) {
    fmt.Println("已经关闭了~")
}
```

（4）创建客户端。为切换上下文状态，开发者需要创建某个具体状态对象，并且将其传递给上下文对象。示例代码如下：

```go
package main

import "github.com/shirdonl/goDesignPattern/chapter4/state/example"

func main() {
    context := example.NewContext()
    context.Off()
    context.On()
    context.On()
    context.Off()
}
//$ go run main.go
//Context 准备好了
//已经关闭了~
//将状态从关闭切换到打开~
//已经打开了~
//将状态从打开切换到关闭~
```

4.8.2 Go 语言实战

本实战会使用状态模式实现自动售货机的功能。为简单起见，假设自动售货机只销售一种商品；包括 4 种状态，分别为有商品（hasProduct）、无商品（noProduct）、商品已请求（ProductRequested）和收到纸币（hasMoney）；可以执行 4 种操作，分别为选择商品、添加商品、插入纸币和提供商品。

如果对象可以处于多种不同的状态，并且根据传入的不同请求，对象需要变更其当前状态，则可以使用状态模式。

在本实战中，自动售货机可以处于多种不同的状态，并且可以在这些状态之间互相转换。假设自动售货机处于商品已请求状态，那么在进行插入纸币操作后，自动售货机会自动转换为收到纸币状态。

根据当前状态，自动售货机可以根据不同的请求进行不同的操作。例如，如果用户要购买一件商品，那么自动售货机会在处于有商品状态时继续操作，在处于无商品状态时拒绝操作。

自动售货机的代码不会被这个逻辑污染。所有依赖于状态的代码都存储于各自的具体状态类中。具体操作步骤如下。

（1）定义自动售货机类 VendingMachine 及其方法，代码如下：

```go
//自动售货机类
type VendingMachine struct {
    hasProduct       State
    productRequested State
    hasMoney         State
    noProduct        State

    currentState State

    productCount int
    productPrice int
}

func (v *VendingMachine) RequestProduct() error {
    return v.currentState.RequestProduct()
}
//...
```

（2）定义状态接口，代码如下：

```go
type State interface {
    AddProduct(int) error
    RequestProduct() error
    InsertMoney(money int) error
    DispenseProduct() error
}
```

（3）定义具体状态类 NoProductState（无商品状态类）及其方法，代码如下：

```
type NoProductState struct {
    VendingMachine *VendingMachine
}

func (i *NoProductState) RequestProduct() error {
    return fmt.Errorf("Product out of stock")
}
//...
```

（4）定义具体状态类 HasProductState（有商品状态类）及其方法，代码如下：

```
type HasProductState struct {
    VendingMachine *VendingMachine
}

func (i *HasProductState) RequestProduct() error {
    if i.VendingMachine.productCount == 0 {
        i.VendingMachine.SetState(i.VendingMachine.noProduct)
        return fmt.Errorf("No product present")
    }
    fmt.Printf("Product requestd\n")
    i.VendingMachine.SetState(i.VendingMachine.productRequested)
    return nil
}

//...
```

（5）定义具体状态类 ProductRequestedState（商品已请求状态类）及其方法，代码如下：

```
type ProductRequestedState struct {
    VendingMachine *VendingMachine
}

func (i *ProductRequestedState) RequestProduct() error {
    return fmt.Errorf("Product already requested")
}
//...
```

（6）定义具体状态类 HasMoneyState（收到纸币状态类）及其方法，代码如下：

```
type HasMoneyState struct {
    VendingMachine *VendingMachine
}

func (i *HasMoneyState) RequestProduct() error {
```

```
    return fmt.Errorf("Product dispense in progress")
}

//...
```

（7）创建客户端，代码如下：

```
package main

import (
    "fmt"
    "github.com/shirdonl/goDesignPattern/chapter4/state/actualCombat"
    "log"
)

func main() {
    //声明自动售货机对象
    VendingMachine := actualCombat.NewVendingMachine(1, 10)

    //请求商品
    err := VendingMachine.RequestProduct()
    if err != nil {
        log.Fatalf(err.Error())
    }

    //向自动售货机中放入 10 元钱
    err = VendingMachine.InsertMoney(10)
    if err != nil {
        log.Fatalf(err.Error())
    }

    //自动售货机分配商品
    err = VendingMachine.DispenseProduct()
    if err != nil {
        log.Fatalf(err.Error())
    }

    fmt.Println()

    //向自动售货机中添加 2 个商品
    err = VendingMachine.AddProduct(2)
    if err != nil {
        log.Fatalf(err.Error())
    }

    fmt.Println()
}
//$ go run main-actual-combat.go
```

```
//Product requestd
//Money entered is ok
//Dispensing Product
//
//Adding 2 products
```

本节完整代码见本书资源目录 chapter4/state。

4.8.3　优缺点分析

1. 状态模式的优点

- 状态模式遵循单一职责原则。将与特定状态有关的代码放在单独的类中。
- 状态模式遵循开闭原则。无须修改已有状态和上下文，就能引入新状态。
- 状态模式可以通过消除臃肿的状态机条件语句简化上下文代码。
- 状态模式的方法是在运行时确定的，并且可以轻松更改。
- 状态模式可以很容易地扩展，即可以很容易地添加新的方法。

2. 状态模式的缺点

- 如果状态机只有很少的几个状态，或者很少发生改变，那么使用状态模式可能会显得小题大做。
- 如果有多个状态，则需要开发者为每个状态都创建一个类，很容易使程序变得过于复杂，但可以使关注点分离，因此它也是一个优点。
- 如果有多个对象，并且每个对象都有自己的状态，那么内存使用率可能会太高。这个问题可以通过将状态设置为单例对象轻松避免。

4.9　模板方法模式

4.9.1　模板方法模式简介

1. 什么是模板方法模式

模板方法模式（Template Method Pattern）可以在基类中定义一个算法的框架，

允许子类在不修改框架结构的情况下重写算法的特定步骤。

模板方法模式的 UML 类图如图 4-13 所示。

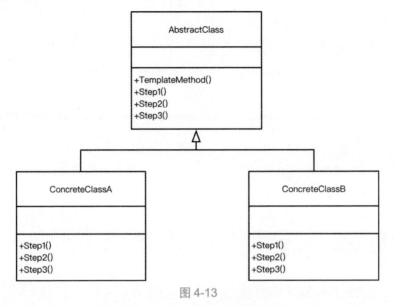

图 4-13

根据图 4-13 可知，模板方法模式的角色组成如下。

- 抽象类（AbstractClass）：声明作为算法步骤的方法，以及依次调用它们的实际模板方法。算法步骤可以被声明为抽象类，也可以提供一些默认实现。
- 具体类（ConcreteClass）：可以重写所有步骤，但不能重写模板方法自身。

2. 模板方法模式的使用场景

- 如果开发者只希望客户端扩展某个特定算法步骤，而不是整个算法或其结构，则可以使用模板方法模式。模板方法模式可以将算法转换为一系列独立的步骤，以便子类可以对其进行扩展，并且使父类中定义的结构保持完整。
- 如果多个类的算法几乎完全相同，则可以使用模板方法模式。但其后果是，如果算法发生变化，那么开发者可能需要修改所有的类。在将算法转换为一系列独立的步骤时，开发者可以将相似的步骤提取到父类中，从而去除重复代码。子类之间各不相同的代码可以继续保留在子类中。

3．模板方法模式的实现方式

（1）分析目标算法，确定能否将其分解为多个步骤。从所有子类的角度出发，考虑哪些步骤能够通用，哪些步骤各不相同。

（2）定义抽象类接口，然后定义抽象类及其方法，其中有一个模板方法，在模板方法中根据算法结构依次调用相应的步骤。

```go
//抽象类接口
type AbstractClassInterface interface {
    Step1()
    Step2()
    Step3()
}

//抽象类
type AbstractClass struct {
    AbstractClassInterface
}

//初始化抽象类对象
func NewAbstractClass(aci AbstractClassInterface) *AbstractClass {
    return &AbstractClass{aci}
}

//模板方法
func (cc *AbstractClass) TemplateMethod() {
    cc.Step1()
    cc.Step2()
    cc.Step3()
}
```

（3）为每个算法变体都新建一个具体类，该类必须实现所有的抽象步骤，也可以重写部分可选步骤，示例代码如下：

```go
//具体类 ConcreteClassA
type ConcreteClassA struct {
}

//具体类 ConcreteClassA 的方法 Step1()
func (cc *ConcreteClassA) Step1() {
    fmt.Println("ConcreteClassA Step1")
}
```

```
//具体类 ConcreteClassA 的方法 Step2()
func (cc *ConcreteClassA) Step2() {
    fmt.Println("ConcreteClassA Step2")
}

//具体类 ConcreteClassA 的方法 Step3()
func (cc *ConcreteClassA) Step3() {
    fmt.Println("ConcreteClassA Step3")
}
```

```
//具体类 ConcreteClassB
type ConcreteClassB struct {
}

//具体类 ConcreteClassB 的方法 Step1()
func (cc *ConcreteClassB) Step1() {
    fmt.Println("ConcreteClassB Step1")
}

//具体类 ConcreteClassB 的方法 Step2()
func (cc *ConcreteClassB) Step2() {
    fmt.Println("ConcreteClassB Step2")
}

//具体类 ConcreteClassB 的方法 Step3()
func (cc *ConcreteClassB) Step3() {
    fmt.Println("ConcreteClassB Step3")
}
```

（4）创建客户端，示例代码如下：

```
package main

import "github.com/shirdonl/goDesignPattern/chapter4/templateMethod/example"

func main() {
    concreteClassA := example.NewAbstractClass(&example.ConcreteClassA{})
    concreteClassA.TemplateMethod()
    concreteClassB := example.NewAbstractClass(&example.ConcreteClassB{})
    concreteClassB.TemplateMethod()
}
//$ go run main.go
//ConcreteClassA Step1
//ConcreteClassA Step2
```

```
//ConcreteClassA Step3
//ConcreteClassB Step1
//ConcreteClassB Step2
//ConcreteClassB Step3
```

4.9.2　Go 语言实战

本实战会使用模板方法模式实现一次性密码（One Time Password，OTP）功能。将一次性密码传递给用户的方式有多种，如短信、邮件，但无论采用哪种方式，实现一次性密码的流程都是相同的。

（1）生成随机的 n 位数字。

（2）在缓存中存储这组数字，以便进行后续验证。

（3）准备工作。

（4）发送通知。

（5）发布。

后续引入的新的一次性密码都很有可能需要进行上述步骤。因此，可能会有如下场景：某个特定操作的步骤是相同的，但实现方式有所不同。这正是适合使用模板方法模式的情况。

先定义一个由固定数量的方法组成的基础模板算法，即模板方法；再实现每个步骤方法，但不改变模板方法。

（1）定义模板方法的一次性密码接口 IOtp、一次性密码类 Otp 及其方法，代码如下：

```
//一次性密码接口
type IOtp interface {
    GenRandomOTP(int) string
    SaveOTPCache(string)
    GetMessage(string) string
    SendNotification(string) error
    Publish()
}

//一次性密码类
type Otp struct {
```

```
    IOtp IOtp
}

//生成验证码并发送
func (o *Otp) GenAndSendOTP(otpLength int) error {
    //生成随机验证码
    otp := o.IOtp.GenRandomOTP(otpLength)
    o.IOtp.SaveOTPCache(otp)
    message := o.IOtp.GetMessage(otp)
    err := o.IOtp.SendNotification(message)
    if err != nil {
        return err
    }
    o.IOtp.Publish()
    return nil
}
```

（2）具体实施。

①定义短信类及其方法，代码如下：

```
//短信类
type Sms struct {
    Otp
}

func (s *Sms) GenRandomOTP(len int) string {
    randomOTP := "1688"
    fmt.Printf("SMS:生成随机验证码: %s\n", randomOTP)
    return randomOTP
}

//...
```

②定义邮件类及其方法，代码如下：

```
//邮件类
type Email struct {
    Otp
}

func (s *Email) GenRandomOTP(len int) string {
    randomOTP := "3699"
    fmt.Printf("EMAIL:生成随机验证码: %s\n", randomOTP)
    return randomOTP
```

```
}

//...
```

（3）创建客户端，创建对象并调用相应的方法，代码如下：

```
package main

import (
    "fmt"
    "github.com/shirdonl/goDesignPattern/chapter4/templateMethod/
actualCombat"
)

func main() {
    //声明短信对象
    smsOTP := &actualCombat.Sms{}
    o := actualCombat.Otp{
        IOtp: smsOTP,
    }
    //生成短信验证码并发送
    o.GenAndSendOTP(4)

    fmt.Println("")
    //声明邮件对象
    EmailOTP := &actualCombat.Email{}
    o = actualCombat.Otp{
        IOtp: EmailOTP,
    }
    //生成邮件验证码并发送
    o.GenAndSendOTP(4)
}
//$ go run main-actual-combat.go
//SMS:生成随机验证码: 1688
//SMS:保存验证码: 1688 到缓存
//SMS:发送消息: 登录的短信验证码是: 1688
//SMS:发布完成
//
//EMAIL:生成随机验证码: 3699
//EMAIL:保存验证码: 3699 到缓存
//EMAIL:发送消息: 登录的短信验证码是: 3699
//EMAIL:发布完成
```

本节完整代码见本书资源目录 chapter4/templateMethod。

4.9.3　优缺点分析

1.　模板方法模式的优点

- 在模板方法模式中，开发者可以只允许客户端重写一个大型算法中的特定部分，使算法其他部分的修改对其造成的影响减小。
- 在模板方法模式中，开发者可以将重复代码提取到一个父类中。
- 模板方法模式可以减少代码的重复。
- 代码重用发生在模板方法模式中，因为它使用继承而不是组合。只有少数方法需要被覆盖。
- 模板方法模式的灵活性可以让子类决定如何在算法中实现步骤。

2.　模板方法模式的缺点

- 在模板方法模式中，部分客户端可能会受到算法框架的限制。
- 通过子类抑制默认步骤实现可能会违反里氏代换原则。里氏代换原则简单来说就是，子类可以扩展父类的功能，但不能改变父类原有的功能。
- 模板方法模式中的步骤越多，其维护工作可能越困难。

4.10　访问者模式

4.10.1　访问者模式简介

1.　什么是访问者模式

访问者模式（Visitor Pattern）可以将作用于某种数据结构中的各元素的操作分离出来封装成独立的类，使其在不改变数据结构的前提下可以添加作用于这些元素的新的操作，为数据结构中的每个元素提供多种访问方式。访问者将对数据的操作与数据结构分离，是行为型设计模式中最复杂的一种。

访问者模式的 UML 类图如图 4-14 所示。

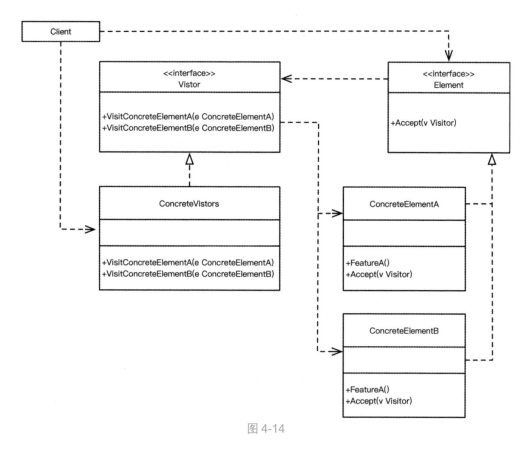

图 4-14

根据图 4-14 可知，访问者模式的角色组成如下。

- 访问者（Visitor）：一个接口，声明了一系列以对象结构的具体元素为参数的访问者方法。如果编程语言支持重载，那么这些方法的名称可以是相同的，但是其参数一定是不同的。
- 具体访问者（ConcreteVisitor）：实现访问者接口的类，为不同的具体元素类实现相同行为的几个不同版本。
- 元素（Element）：一个接口，声明了一个用于接收访问者对象的方法，该方法中必须有一个参数被声明为访问者接口类型。
- 具体元素（ConcreteElement）：实现元素接口的类，该类实现了接收方法。接收方法的目的是将当前元素对象重定向到相应的访问者对象。需要注意的是，即使具体元素父类实现了该方法，所有子类也必须对其进行重写并调用访问者对象中的合适方法。
- 客户端（Client）：通常会作为集合或其他复杂对象（如一个组合树）的代表。

客户端通常不知道所有的具体元素类，因为它们会通过抽象接口与集合中的对象进行交互。

2. 访问者模式的使用场景

- 如果开发者需要对一个复杂对象结构（如对象树）中的所有元素执行某些操作，则可以使用访问者模式。访问者模式通过在访问者对象中为多个目标类提供相同操作的变体，让开发者可以在属于不同类的一组对象上执行同一种操作。
- 使用访问者模式可以清理辅助行为的业务逻辑。访问者模式会将所有非主要的行为抽取到一组访问者类中，使程序的主要类可以更专注于主要的工作。
- 如果某个行为仅在类层次结构中的一些类中有意义，在其他类中没有意义，则可以使用访问者模式。访问者模式可以将该行为抽取到单独的具体访问者类中，只需实现接收相关类的对象作为参数的访问者方法，并且将其他方法留空。
- 当系统中存在类型数量固定的一类数据结构时，可以使用访问者模式方便地实现对该类型所有数据结构的不同操作，并且不会对数据产生任何副作用（如产生脏数据）。简而言之，当对集合中不同类型的数据（类型数量稳定）进行多种操作时，可以使用访问者模式。

3. 访问者模式的实现方式

（1）定义元素接口。如果程序中已有元素接口，则可以在层次结构基类中添加抽象的接收方法。该接收方法必须接受访问者对象作为参数。示例代码如下：

```go
//元素接口
type Element interface {
    Accept(v Visitor)
}
```

（2）定义具体元素类及其方法。在访问者接口中声明一组访问方法，使其分别对应程序中的每个具体元素类。在所有具体元素类中实现接收方法。示例代码如下：

```go
//具体元素类 ConcreteElementA
type ConcreteElementA struct {
}

//具体元素类 ConcreteElementA 的方法
func (t *ConcreteElementA) FeatureA() string {
```

```
    return "ConcreteElementA"
}

//接收访问者对象
func (t *ConcreteElementA) Accept(v Visitor) {
    v.VisitConcreteElementA(t)
}

//具体元素类 ConcreteElementB
type ConcreteElementB struct {
}

//具体元素类 ConcreteElementB 的方法
func (t *ConcreteElementB) FeatureB() string {
    return "ConcreteElementB"
}

//接收访问者对象
func (t *ConcreteElementB) Accept(v Visitor) {
    v.VisitConcreteElementB(t)
}
```

（3）定义访问者接口。具体元素类只能通过访问者接口与具体访问者对象进行
交互，但具体访问者对象必须知晓所有的具体元素类，因为这些类在访问者方法中
都被作为参数类型引用。示例代码如下：

```
//访问者接口
type Visitor interface {
    VisitConcreteElementA(e *ConcreteElementA)
    VisitConcreteElementB(e *ConcreteElementB)
}
```

（4）定义具体访问者类及其方法。为每个无法在元素层次结构中实现的行为创
建一个具体访问者类，并且实现所有的访问者方法。示例代码如下：

```
//具体访问者类 ConcreteVisitorA
type ConcreteVisitorA struct {
}

//具体访问者类 ConcreteVisitorA 的方法
func (v *ConcreteVisitorA) VisitConcreteElementA(e *ConcreteElementA) {
    fmt.Printf("具体访问者 A %v\n", e.FeatureA())
}

//具体访问者类 ConcreteVisitorA 的方法
func (v *ConcreteVisitorA) VisitConcreteElementB(e *ConcreteElementB) {
```

```
    fmt.Printf("具体访问者 A %v\n", e.FeatureB())
}

//具体访问者类 ConcreteVisitorB
type ConcreteVisitorB struct {
}

//具体访问者类 ConcreteVisitorB 的方法
func (v *ConcreteVisitorB) VisitConcreteElementA(e *ConcreteElementA) {
    fmt.Printf("具体访问者 B %v\n", e.FeatureA())
}

//具体访问者 B 的方法
func (v *ConcreteVisitorB) VisitConcreteElementB(e *ConcreteElementB) {
    fmt.Printf("具体访问者 B %v\n", e.FeatureB())
}
```

（5）创建客户端，创建具体访问者对象，并且通过接收方法将其传递给具体元素对象，示例代码如下：

```
package main

import "github.com/shirdonl/goDesignPattern/chapter4/visitor/example"

func main() {
    //声明具体元素对象 A
    concreteElementA := &example.ConcreteElementA{}
    //调用具体元素对象 A 的方法
    concreteElementA.FeatureA()
    //具体元素对象 A 接受具体访问者对象 A
    concreteElementA.Accept(&example.ConcreteVisitorA{})

    //声明具体元素对象 B
    concreteElementB := &example.ConcreteElementB{}
    //调用具体元素对象 B 的方法
    concreteElementB.FeatureB()
    //具体元素对象 B 接受具体访问者对象 B
    concreteElementB.Accept(&example.ConcreteVisitorB{})
}
//$ go run main.go
//具体访问者 A ConcreteElementA
//具体访问者 B ConcreteElementB
```

4.10.2　Go 语言实战

本实战会使用访问者模式计算不同几何图形的周长。访问者模式允许开发者在类中添加方法，但不会使类发生实际变化。假设我们是一个代码库的维护者，代码库中包含不同的形状类，如正方形类、圆形类、矩形类等，上述每个形状类都实现了通用形状接口。在公司员工开始使用我们维护的代码库时，我们就会被各种功能请求淹没。让我们来看看其中比较简单的请求：有个团队请求我们在形状类中添加 GetArea() 方法，用于获取面积。

解决这个问题的方法有很多。

- 将 GetArea() 方法直接添加至形状接口中，然后在各个形状类中进行实现。这似乎是比较好的解决方案，但其代价也比较高：每次有人要求添加一种新的方法，都要改动自己的代码。
- 请求功能的团队自行实现该方法，然而这并不总是可行的，因为行为可能会依赖于私有代码。
- 使用访问者模式解决上述问题。

使用访问者模式解决上述问题的具体步骤如下。

（1）定义访问者接口，代码如下：

```
//访问者接口
type Visitor interface {
    VisitForSquare(*Square)
    VisitForCircle(*Circle)
    VisitForRectangle(*Rectangle)
}
```

使用 VisitForSquare(*Square)、VisitForCircle(*Circle) 及 VisitForRectangle(*Rectangle) 方法分别为方形、圆形和矩形添加相应的功能。

> ● 提示：
>
> 为什么我们不在访问者接口中使用单一的 Visit(Shape) 方法呢？这是因为 Go 语言不支持方法重载，所以无法以相同名称、不同参数的方式使用方法。

在定义好访问者接口 Visitor 后，将 Visitor 接口通过 Accept() 方法添加至形状类中，代码如下：

```
func Accept(v Visitor)
```

所有形状类都需要定义 Accept()方法，代码如下：

```
func (s *Square) Accept(v Visitor) {
    v.VisitForSquare(s)
}
```

在使用访问者模式时，开发者必须要修改形状类，但这样的修改只需要进行一次。如果需要添加其他行为，如获取边数，那么开发者会使用相同的 Accept(v Visitor)方法，无须对形状类进行进一步的修改。

形状类只需要修改一次，并且所有未来针对不同行为的请求都可以使用相同的 Accept()方法进行处理。如果团队成员请求使用 GetArea()方法，那么开发者只需简单地定义访问者接口的具体实现，并且在其中编写面积的计算逻辑。

（2）定义元素接口 Shape（形状接口），代码如下：

```
//形状接口
type Shape interface {
    GetType() string
    Accept(Visitor)
}
```

（3）定义具体元素类。

①定义具体元素类 Square（正方形类）及其方法，代码如下：

```
//正方形类
type Square struct {
    Side int
}

func (s *Square) Accept(v Visitor) {
    v.VisitForSquare(s)
}

func (s *Square) GetType() string {
    return "Square"
}
```

②定义具体元素类 Circle（圆形类）及其方法，代码如下：

```
//圆形类
type Circle struct {
    Radius int
}
```

```go
func (c *Circle) Accept(v Visitor) {
    v.VisitForCircle(c)
}

func (c *Circle) GetType() string {
    return "Circle"
}
```

③定义具体元素类 Rectangle（矩形类）及其方法，代码如下：

```go
//矩形类
type Rectangle struct {
    L int
    B int
}

func (t *Rectangle) Accept(v Visitor) {
    v.VisitForRectangle(t)
}

func (t *Rectangle) GetType() string {
    return "Rectangle"
}
```

（4）定义具体访问者类。

①定义具体访问者类 PerimeterCalculator（周长计算器类）及其方法，代码如下：

```go
package actualCombat

import (
    "fmt"
)

//周长计算器类
type PerimeterCalculator struct {
    perimeter float32
}

func (a *PerimeterCalculator) VisitForSquare(s *Square) {
    var perimeter float32
    perimeter = 4 * s.Side
    fmt.Printf("计算正方形的周长：%f \n", perimeter)
}

func (a *PerimeterCalculator) VisitForCircle(c *Circle) {
    var perimeter float32
```

```
    perimeter = 3.14 * 2 * c.Radius
    fmt.Printf("计算圆形的周长：%f \n", perimeter)
}

func (a *PerimeterCalculator) VisitForRectangle(r *Rectangle) {
    var perimeter float32
    perimeter = 2 * r.B + 2 * r.L
    fmt.Printf("计算矩形的周长：%f \n", perimeter)
}
```

②定义具体访问者类 MiddleCoordinates（中点坐标计算器类）及其方法，代码如下：

```
package actualCombat

import "fmt"

//中点坐标计算器类
type MiddleCoordinates struct {
    x int
    y int
}

func (a *MiddleCoordinates) VisitForSquare(s *Square) {
    //省略具体逻辑
    fmt.Println("计算正方形的中点坐标")
}

func (a *MiddleCoordinates) VisitForCircle(c *Circle) {
    //省略具体逻辑
    fmt.Println("计算圆形的中点坐标")
}

func (a *MiddleCoordinates) VisitForRectangle(t *Rectangle) {
    //省略具体逻辑
    fmt.Println("计算矩形的中点坐标")
}
```

（5）创建客户端，代码如下：

```
package main

import "fmt"

import (
    "github.com/shirdonl/goDesignPattern/chapter4/visitor/actualCombat"
)
```

```go
func main() {
    //声明边长为 1 的正方形对象
    Square := &actualCombat.Square{Side: 1}
    //声明半径为 6 的圆形对象
    Circle := &actualCombat.Circle{Radius: 6}
    //声明长度为 8、宽度为 6 的矩形对象
    Rectangle := &actualCombat.Rectangle{L: 8, B: 6}

    //声明周长计算器对象
    PerimeterCalculator := &actualCombat.PerimeterCalculator{}

    //计算正方形对象的周长
    Square.Accept(PerimeterCalculator)
    //计算圆形对象的周长
    Circle.Accept(PerimeterCalculator)
    //计算矩形对象的周长
    Rectangle.Accept(PerimeterCalculator)
    Square.GetType()

    fmt.Println()
    //声明中点坐标计算器对象
    MiddleCoordinates := &actualCombat.MiddleCoordinates{}
    //获取正方形对象的中点坐标
    Square.Accept(MiddleCoordinates)
    //获取圆形对象的中点坐标
    Circle.Accept(MiddleCoordinates)
    //获取矩形对象的中点坐标
    Rectangle.Accept(MiddleCoordinates)
}
//$ go run main-actual-combat.go
//计算正方形的周长：4.000000
//计算圆形的周长：37.680000
//计算矩形的周长：28.000000
//
//计算正方形的中点坐标
//计算圆形的中点坐标
//计算矩形的中点坐标
```

本节完整代码见本书资源目录 chapter4/visitor。

4.10.3 优缺点分析

1. 访问者模式的优点

- 访问者模式遵循单一职责原则：在适合使用访问者模式的场景中，具体元素类中需要封装在访问者接口中的方法必定是与具体元素类本身关系不大且易变的方法。使用访问者模式一方面遵循单一职责原则；另一方面，因为被封装的方法通常都是易变的，所以当方法发生变化时，可以在不改变具体元素类本身的前提下，实现对变化部分的扩展。
- 访问者模式的扩展性高：具体元素类可以通过接受不同的具体访问者对象实现对不同方法的扩展。
- 在访问者模式中，元素添加方法非常简单，因为开发者只需要实现访问者接口，不用修改每个元素对象，就可以添加开发者自定义的方法。
- 如果开发者需要专门了解某个方法的代码，那么代码更易于阅读。

2. 访问者模式的缺点

- 在访问者模式中，增加新的具体元素类比较困难。在具体访问者类中，每个具体元素类都有它对应的处理方法，也就是说，每增加一个具体元素类，都需要修改具体访问者类，修改起来非常麻烦。因此，在具体元素类数量不确定的情况下，应该慎用访问者模式。
- 具体访问者对象可以修改具体元素对象，因为具体元素对象已被发送给具体访问者对象，但可能会导致副作用。
- 具体元素对象的代码分布在所有的具体访问者对象中。因此，具体元素类的逻辑存在于许多类中。如果开发者需要查看一个具体元素类的代码，则会使代码更难阅读。
- 在访问者模式中，每个操作都需要一个具体访问者类，导致代码量增多。

4.11 回顾与启示

本章通过对 10 种行为型设计模式的概念、使用场景、实现方式、实战进行系统的讲解，帮助读者更快地掌握 Go 语言设计模式的实战方法和技巧。

第 5 章

设计模式扩展

设计模式扩展主要包括空对象模式、规格模式、领域驱动设计。

5.1　空对象模式

5.1.1　空对象模式简介

1. 什么是空对象模式

空对象模式（Null Object Pattern）是一种设计模式，主要用于在返回无意义的对象时，承担处理空对象的责任。在空对象模式中，创建一个用于指定各种操作的抽象类、扩展该类的实体类和一个未对该类做任何实现的空对象类，这个空对象类会被无缝地使用在需要检查空值的地方。

空对象模式的 UML 类图如图 5-1 所示。

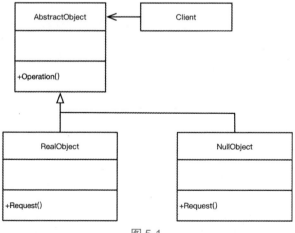

图 5-1

根据图 5-1 可知，空对象模式的角色组成如下。

- 抽象对象（AbstractObject）：定义所有子类公有属性和方法的类。
- 真实对象（RealObject）：继承 AbstractObject 类，并且实现所有方法，其对象可以提供客户端期望的有用方法。
- 空对象（NullObject）：继承 AbstractObject 类，不对父类方法和属性进行实现和赋值，以便替换真实对象。
- 客户端（Client）：调用真实对象或空对象的角色。

2. 空对象模式的使用场景

- 如果一个对象需要一个合作者，则可以使用空对象模式。
- 如果开发者要将对空对象的处理从客户端抽象出来，则可以使用空对象模式。

3. 空对象模式的实现方式

（1）定义抽象对象类 AbstractObject 及其方法。

定义抽象对象类 AbstractObject 及其方法，并且让抽象对象类继承一个名为 mock.Mock 的对象。

> **提示：**
>
> github.com/stretchr/testify/mock 包提供了一种机制，可以轻松编写模拟对象，在编写测试代码时，可以使用模拟对象代替真实对象。

定义抽象对象类 AbstractObject 及其方法的示例代码如下：

```go
import (
    "errors"
    "fmt"
    "github.com/stretchr/testify/mock"
    "os"
)

//抽象对象类
type AbstractObject struct {
    mock.Mock
}

//方法
func (m *AbstractObject) Request(str string) (string, error) {
    args := m.Called(str)
```

```
    return args.String(0), args.Error(1)
}
```

（2）定义空对象类 NullObject 及其方法。

空对象模式定义了由真实对象和空对象组成的类层次结构。空对象通常只返回编码响应的一行。在 Go 语言中，空对象模式的主要作用如下。

- 空对象模式模拟了功能不存在的状态。
- 空对象模式比较简单，不会在代码中引入 panic 异常。

定义空对象类 NullObject 及其方法的示例代码如下：

```
//空对象类
type NullObject struct {
    AbstractObject
}

func (w *NullObject) Request(str string) (string, error) {
    return "null", errors.New("not implemented yet!")
}
```

（3）定义真实对象类 RealObject，示例代码如下：

```
//真实对象类
type RealObject struct {
    AbstractObject
}

func (w *RealObject) Request(str string) (string, error) {
    return str, nil
}
```

（4）创建客户端，示例代码如下：

```
func main() {
    var realObject *RealObject
    var nullObject *NullObject
    _, realObjectFlagExists := os.LookupEnv("RealObject")
    if realObjectFlagExists {
        realObject = &RealObject{}
        fmt.Println(realObject.Request("real"))
    } else {
        nullObject = &NullObject{}
        fmt.Println(nullObject.Request("null"))
    }
}
```

5.1.2　Go 语言实战

假设有一所学院，学院中有多个系，每个系中都有一定数量的教授，现在要统计学院中的教授总数，如果学院中不存在某个系，则会返回一个空对象。

如果使用空对象模式，则具有以下两个优势。

- 如果学院中的某个系不存在，则会返回一个空对象。
- 空对象模式将空系（**nullDepartment**）和存在的系（**Department**）视为相同的对象，因此无须检查系是否为空。空对象模式在两个对象上均会调用 getNumberOfProfessors()方法。

（1）定义系接口 department 及其方法，代码如下：

```
type department interface {
    getNumberOfProfessors() int
    getName() string
}
```

（2）定义抽象对象类 college（学院类）及其方法，代码如下：

```
//学院类
type college struct {
    departments []department
}

//添加系
func (c *college) addDepartment(departmentName string, numOfProfessors
int) {
    if departmentName == "computerscience" {
        computerScienceDepartment := &computerscience{numberOfProfessors:
numOfProfessors}
        c.departments = append(c.departments, computerScienceDepartment)
    }
    if departmentName == "mechanical" {
        mechanicalDepartment := &mechanical{numberOfProfessors:
numOfProfessors}
        c.departments = append(c.departments, mechanicalDepartment)
    }
    return
}

//获取系
func (c *college) getDepartment(departmentName string) department {
    for _, department := range c.departments {
```

```
        if department.getName() == departmentName {
            return department
        }
    }
    //如果该系不存在，则返回空系
    return &nullDepartment{}
}
```

（3）定义真实对象类 computerscience（计算机科学系类）及其方法，代码如下：

```
//计算机科学系类
type computerscience struct {
    numberOfProfessors int
}

//获取计算机科学系中的教授数量
func (c *computerscience) getNumberOfProfessors() int {
    return c.numberOfProfessors
}

//获取系名称
func (c *computerscience) getName() string {
    return "computerscience"
}
```

（4）定义真实对象类 mechanical（机械系类）及其方法，代码如下：

```
//机械系类
type mechanical struct {
    numberOfProfessors int
}

//获取机械系中的教授数量
func (c *mechanical) getNumberOfProfessors() int {
    return c.numberOfProfessors
}

//获取系名称
func (c *mechanical) getName() string {
    return "mechanical"
}
```

（5）定义空对象类 nullDepartment（空系类）及其方法，其中，getNumberOfProfessors() 方法的返回值为 0，getName() 方法的返回值为空字符串，代码如下：

```
//空系类
type nullDepartment struct {
```

```
    numberOfProfessors int
}

//获取空系中的教授数量
func (c *nullDepartment) getNumberOfProfessors() int {
    return 0
}

//获取空系名字
func (c *nullDepartment) getName() string {
    return ""
}
```

（6）创建客户端，代码如下：

```
//创建学院对象1
func createCollege1() *college {
    college := &college{}
    college.addDepartment("computerscience", 0)
    college.addDepartment("mechanical", 2)
    return college
}

//创建学院对象2
func createCollege2() *college {
    college := &college{}
    college.addDepartment("computerscience", 3)
    return college
}

func main() {
    college1 := createCollege1()
    college2 := createCollege2()
    totalProfessors := 0
    departmentArray := []string{"computerscience", "mechanical",
"chinese", "computer"}
    for _, deparmentName := range departmentArray {
        d := college1.getDepartment(deparmentName)
        totalProfessors += d.getNumberOfProfessors()
    }
    fmt.Printf("学院1中的教授数量：%d\n", totalProfessors)
    totalProfessors = 0
    for _, deparmentName := range departmentArray {
        d := college2.getDepartment(deparmentName)
        totalProfessors += d.getNumberOfProfessors()
    }
```

```
    fmt.Printf("学院 2 中的教授数量：%d\n", totalProfessors)
}
//$ go run nullObject.go
//学院 1 中的教授数量：2
//学院 2 中的教授数量：3
```

本节完整代码见本书资源目录 chapter5/nullObject。

5.1.3　优缺点分析

1. 空对象模式的优点

- 空对象模式定义了由真实对象和空对象组成的类层次结构。在空对象模式中，当希望对象什么都不做时，可以使用空对象代替真实对象；当客户端代码需要一个真实对象时，可以接受一个空对象。
- 空对象模式使客户端代码变得简单。客户端可以一视同仁地对待真实对象和空对象，因此无须编写用于处理空对象的测试代码。
- 结合功能标志，开发者可以控制什么时间在什么环境中启用该功能。

2. 空对象模式的缺点

空对象模式可能需要为每个新的抽象对象类创建一个新的 NullObject 类，从而导致类的数量增加。

5.2　规格模式

5.2.1　规格模式简介

1. 什么是规格模式

规格模式（Specification Pattern）是组合模式的一种扩展。在某些情况下，项目中某些条件决定了业务逻辑，这些条件可以抽离出来并根据某种关系（与、或、非）进行组合，从而灵活地控制业务逻辑。此外，在查询、过滤等操作过程中，通过预定义多个条件，然后使用这些条件的组合进行查询、过滤操作，而不是使用逻辑判断语句进行查询、过滤操作，可以简化整个实现逻辑。这里的每个条件都是一个规格，多个规格可以根据某种逻辑关系以串联的方式形成一个组合式的规格。

规格模式的 UML 类图如图 5-2 所示。

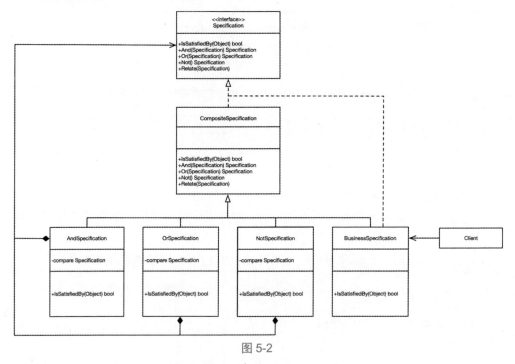

图 5-2

根据图 5-2 可知，规格模式的角色组成如下。

- 抽象规格（Specification）：对规格的抽象定义或接口。
- 组合规格（CompositeSpecification）：一般设计为抽象类，对规格进行与、或、非操作，实现 And()、Or()、Not()方法，在这些方法中关联子类，因为子类为固定类，所以父类可以与其进行关联。
- 与规格（AndSpecification）：对规格进行与操作的类，实现了 IsSatisfiedBy() 方法。
- 或规格（OrSpecification）：对规格进行或操作的类，实现了 IsSatisfiedBy() 方法。
- 非规格（NotSpecification）：对规格进行非操作的类，实现了 IsSatisfiedBy() 方法。
- 业务规格（BusinessSpecification）：实现了 IsSatisfiedBy()方法的类，主要用

于对业务进行判断。一个类为一种判断方式，可以进行扩展。

2. 规格模式的使用场景

规格模式的常用场景如下。

- 如果需要检验对象是否满足某些业务要求，或者需要检验对象是否已经为实现某个业务目标做好了准备，则可以使用规格模式。
- 当需要从集合中选择遵循特定业务规则的对象或子对象时，可以使用规格模式。
- 当需要指定在创建新对象时必须满足某种业务要求时，可以使用规格模式。

3. 规格模式的实现方式

（1）定义抽象规格接口及验证对象，示例代码如下：

```
//验证对象
type Object struct {
    Attribute int
}

//抽象规格接口
type Specification interface {
    IsSatisfiedBy(Object) bool
    And(Specification) Specification
    Or(Specification) Specification
    Not() Specification
    Relate(Specification)
}
```

（2）定义组合规格类及其方法，示例代码如下：

```
//组合规格类
type CompositeSpecification struct {
    Specification
}

//检查规格
func (cs *CompositeSpecification) IsSatisfiedBy(obj Object) bool {
    return false
}

//规格与操作
func (cs *CompositeSpecification) And(spec Specification) Specification {
```

```
    a := &AndSpecification{
        cs.Specification, spec,
    }
    a.Relate(a)
    return a
}

//规格或操作
func (cs *CompositeSpecification) Or(spec Specification) Specification {
    a := &OrSpecification{
        cs.Specification, spec,
    }
    a.Relate(a)
    return a
}

//规格非操作
func (cs *CompositeSpecification) Not() Specification {
    a := &NotSpecification{
        cs.Specification,
    }
    a.Relate(a)
    return a
}

//与规格有关
func (cs *CompositeSpecification) Relate(spec Specification) {
    cs.Specification = spec
}
```

（3）定义与规格类及其方法，示例代码如下：

```
//与规格类
type AndSpecification struct {
    Specification
    compare Specification
}

//检查规格
func (as *AndSpecification) IsSatisfiedBy(obj Object) bool {
    return as.Specification.IsSatisfiedBy(obj) &&
as.compare.IsSatisfiedBy(obj)
}
```

（4）定义或规格类及其方法，示例代码如下：

```
//或规格类
```

```
type OrSpecification struct {
    Specification
    compare Specification
}

//检查规格
func (os *OrSpecification) IsSatisfiedBy(obj Object) bool {
    return os.Specification.IsSatisfiedBy(obj) ||
os.compare.IsSatisfiedBy(obj)
}
```

（5）定义非规格类及其方法，示例代码如下：

```
//非规格类
type NotSpecification struct {
    Specification
}

//检查规格
func (ns *NotSpecification) IsSatisfiedBy(obj Object) bool {
    return ns.Specification.IsSatisfiedBy(obj)
}
```

（6）定义业务规格类及其方法，示例代码如下：

```
//业务规格类
type BusinessSpecification struct {
    Specification
}

//检查规格
func (bs *BusinessSpecification) IsSatisfiedBy(obj Object) bool {
    return obj.Attribute>= 8
}

//构造函数
func NewBusinessSpecification() Specification {
    a := &BusinessSpecification{&CompositeSpecification{}}
    a.Relate(a)
    return a
}
```

（7）创建客户端，用于检查规格，示例代码如下：

```
package main

import (
    "fmt"
```

```
        "github.com/shirdonl/goDesignPattern/chapter5/specification/example"
)

func main() {
    //声明业务规格对象biz1
    biz1 := example.NewBusinessSpecification()
    //声明业务规格对象biz2
    biz2 := example.NewBusinessSpecification()

    andResult := biz1.And(biz2)

    object := example.Object{
        Attribute:    8,
    }

    //检查规格
    result := andResult.IsSatisfiedBy(object)
    fmt.Println(result)
}
//$ go run main.go
//true
```

5.2.2 Go 语言实战

本实战会使用规格模式检索发票是否逾期。假设我们正在检索发票并将其发送给收款机构，需要依次检测发票的以下规格。

- 发票是否逾期。
- 是否已发送发票通知。
- 收款机构是否收到发票通知。

具体实现步骤如下。

（1）定义抽象规格接口及发票数据对象，代码如下：

```
//发票数据对象
type Invoice struct {
    Day    int
    Notice int
    IsSent bool
}

//抽象规格接口
type Specification interface {
```

```
    IsSatisfiedBy(Invoice) bool
    And(Specification) Specification
    Or(Specification) Specification
    Not() Specification
    Relate(Specification)
}
```

（2）定义组合规格类及其方法，代码如下：

```
//组合规格类
type CompositeSpecification struct {
    Specification
}

//检查规格
func (cs *CompositeSpecification) IsSatisfiedBy(in Invoice) bool {
    return false
}

//规格与操作
func (cs *CompositeSpecification) And(spec Specification) Specification {
    a := &AndSpecification{
        cs.Specification, spec,
    }
    a.Relate(a)
    return a
}

//规格或操作
func (cs *CompositeSpecification) Or(spec Specification) Specification {
    a := &OrSpecification{
        cs.Specification, spec,
    }
    a.Relate(a)
    return a
}

//规格非操作
func (cs *CompositeSpecification) Not() Specification {
    a := &NotSpecification{
        cs.Specification,
    }
    a.Relate(a)
    return a
}
```

211

```
//与规格有关
func (cs *CompositeSpecification) Relate(spec Specification) {
    cs.Specification = spec
}
```

（3）定义与规格类及其方法，代码如下：

```
//与规格类
type AndSpecification struct {
    Specification
    compare Specification
}

//检查规格
func (as *AndSpecification) IsSatisfiedBy(in Invoice) bool {
    return as.Specification.IsSatisfiedBy(in) &&
as.compare.IsSatisfiedBy(in)
}
```

（4）定义或规格类及其方法，代码如下：

```
//或规格类
type OrSpecification struct {
    Specification
    compare Specification
}

//检查规格
func (os *OrSpecification) IsSatisfiedBy(in Invoice) bool {
    return os.Specification.IsSatisfiedBy(in) ||
os.compare.IsSatisfiedBy(in)
}
```

（5）定义非规格类及其方法，代码如下：

```
//非规格类
type NotSpecification struct {
    Specification
}

//检查规格
func (ns *NotSpecification) IsSatisfiedBy(in Invoice) bool {
    return ns.Specification.IsSatisfiedBy(in)
}
```

（6）定义发票数据到期规格类及其方法，代码如下：

```
//发票数据到期规格类
```

```go
type OverDueSpecification struct {
    Specification
}

//检查规格
func (os *OverDueSpecification) IsSatisfiedBy(in Invoice) bool {
    return in.Day >= 30
}

//创建发票数据到期规格对象
func NewOverDueSpecification() Specification {
    a := &OverDueSpecification{&CompositeSpecification{}}
    a.Relate(a)
    return a
}
```

（7）定义发票通知发送规格类及其方法，代码如下：

```go
//发票通知发送规格类
type NoticeSentSpecification struct {
    Specification
}

//检查规格
func (ns *NoticeSentSpecification) IsSatisfiedBy(in Invoice) bool {
    return in.Notice >= 3
}

//创建发票通知发送规格对象
func NewNoticeSentSpecification() Specification {
    a := &NoticeSentSpecification{&CompositeSpecification{}}
    a.Relate(a)
    return a
}
```

（8）定义是否收到发票通知规格类及其方法，代码如下：

```go
//是否收到发票通知规格类
type InCollectionSpecification struct {
    Specification
}

//检查规格
func (ics *InCollectionSpecification) IsSatisfiedBy(in Invoice) bool {
    return !in.IsSent
}
```

```
//创建是否收到发票通知规格对象
func NewInCollectionSpecification() Specification {
    a := &InCollectionSpecification{&CompositeSpecification{}}
    a.Relate(a)
    return a
}
```

（9）创建客户端，代码如下：

```
package main

import (
    "fmt"
    "github.com/shirdonl/goDesignPattern/chapter5/specification/
actualCombat"
)

func main() {
    //声明发票数据到期规格对象
    overDue := actualCombat.NewOverDueSpecification()
    //声明发票通知发送规格对象
    noticeSent := actualCombat.NewNoticeSentSpecification()
    //声明是否收到发票通知规格对象
    inCollection := actualCombat.NewInCollectionSpecification()

    sendToCollection := overDue.And(noticeSent).And(inCollection.Not())

    object := actualCombat.Invoice{
        Day:    32,     //>= 30
        Notice: 6,      //>= 3
        IsSent: false, //false
    }

    //检查规格
    result := sendToCollection.IsSatisfiedBy(object)
    fmt.Println(result)
}
//$ go run main.go
//true
```

本节完整代码见本书资源目录 chapter5/specification。

5.2.3　优缺点分析

1. 规格模式的优点

- 规格模式非常巧妙地实现了对对象的筛选功能，适合在多个对象中筛选特定对象。
- 允许开发者和软件用户在早期检查需求开发过程，帮助处理需求和设计的任何不确定性问题，规格模式的模型结合了功能和设计过程。

2. 规格模式的缺点

- 规格模式中有一个很严重的问题就是父类依赖子类，这种情况只有在非常明确不会发生变化的场景中存在。一般在面向对象设计中应该尽量避免。
- 开发者需要预先设定要求，以便在软件开发过程中对其进行处理。

5.3　领域驱动设计

5.3.1　领域驱动设计简介

1. 什么是领域驱动设计

领域驱动设计（Domain-driven design，DDD）是一种软件开发方法，它将开发集中在对领域的过程和规则有丰富理解的领域模型的编程上，该名称来自埃里克·埃文斯（Eric Evans）于 2003 年出版的《领域驱动设计　软件核心复杂性应对之道》（*Domain-Driven Design*: *Tackling Complexity in the Heart of Software*）一书，该书通过模式目录描述了该方法。该方法特别适用于需要组织大量混乱逻辑的复杂领域。

领域驱动设计是一种通过将实现连接到持续进化的模型，从而满足复杂需求的软件开发方法。领域驱动设计的前提如下。

- 将项目的重点放在核心领域（Core Domain）和领域逻辑（Domain Logic）上。
- 将复杂的设计放在有界上下文（Bounded Context）的模型上。
- 技术开发者和不同领域的专家进行创造性的合作，从而迭代地解决特定领域的问题。

领域驱动设计的思想是通过领域模型驱动系统设计，不是通过存储数据词典（如 DB 表字段）驱动系统设计。领域模型是对业务模型的抽象，领域驱动设计是将业务模型翻译成系统架构设计的一种方式。

领域模型是由领域驱动设计产生的概念模型。概念模型通常表示为实体关系图（Entity Relationship Diagram，ERD）。实体关系图可以将数据库中的人、事物或概念等实体之间的关系可视化。实体关系图可以通过定义实体、它们的属性并显示它们之间的关系，说明数据库的逻辑结构，这对希望记录现有数据库或草拟新数据库设计的工程师很有用。

> ● 注意：
>
> 领域驱动设计不太注重文档，它更注重团队从流程中获得的集体学习。这有助于降低在项目后期出现代价高昂的错误的风险，这些错误已被编码为代码行或数据模型。

1）复杂性挑战

复杂性是一个相对的术语，有时，对于同一件事情，一个人认为很复杂，但另一个人可能认为很简单。然而，复杂性是领域驱动设计应该解决的问题。在这种情况下，复杂性意味着相互联系、有很多不同的数据源、有很多不同的业务目标等。

领域驱动设计主要用于解决软件开发的复杂性问题。当应用程序很简单时，可以通过快速设计完成挑战。但是，当应用程序较复杂时，复杂性也会提高，开发者面临的问题也会增加。

领域驱动设计主要基于业务领域。现代商业环境非常复杂，错误的操作可能导致致命的后果。领域驱动设计解决了涉及具体业务领域的复杂问题。

领域驱动设计着重于以下 3 个原则。

- 项目的主要关注点是核心领域和领域逻辑。
- 复杂的设计主要基于领域模型。
- 技术专家和领域专家之间的协作对创建解决特定领域问题的应用程序模型至关重要。

2）领域驱动设计中的重要术语

①领域逻辑。

领域逻辑（Domain Logic）又称为业务逻辑，是包含数据的创建、存储和修改方式的业务规则，是建模的目的。

②领域模型。

领域模型（Domain Model）包括解决问题的想法、知识、数据、指标和目标等，有助于满足开发者的业务需求。

③子域。

一个领域由几个子域（Sub Domain）组成，这些子域引用了业务逻辑的不同部分。例如，在线零售商店可以将产品目录、库存和交付作为其子域。

④有界上下文。

有界上下文（Bounded Context）是具有应用程序复杂性的领域驱动设计的中心模式，可以处理大型模型和团队。在定义领域和子域后，即可在此处实现代码。

有界上下文实际上表示定义和适用某个子域的边界，在这里，特定的子域有意义，而其他子域没有。一个实体在不同的上下文中可以有不同的名称。当有界上下文中的子域发生更改时，不必更改整个系统，但要在上下文之间使用适配器。

⑤通用语言。

通用语言（Ubiquitous Language）是一种方法论，它是领域专家和开发者在谈论他们从事的领域时使用的共同语言。如果不使用通用语言，那么项目可能会面临语言中断的严重问题。

> ● 提示：
>
> 　通用语言是 Eric Evans 在领域驱动设计中使用的术语，主要用于在开发者和用户之间建立一种通用的、严格的语言，这种语言应该基于软件中使用的领域模型，因此要严格、严谨，因为软件不能很好地处理歧义。

日常讨论中使用的术语与代码中使用的术语之间存在差异，因此需要定义一组通用术语。通用语言中的所有术语都是围绕领域模型构建的。

⑥实体。

实体（Entity）是数据和行为的组合，如用户、产品。实体具有身份，代表具有行为的数据点。

⑦值对象和聚合。

值对象（Value Object）具有属性，但不能单独存在，如送货地址。庞大而复杂的系统中有大量的实体和值对象，因此领域模型需要某种结构，将实体和值对象放到更易于管理的逻辑组中，这些逻辑组称为聚合（Aggregate）。聚合是相互连接的对象的集合，可以将其作为数据修改和访问的单元。每个聚合都具有一个聚合根。聚合根是聚合与外部对象联系的接口，外部对象对一个聚合的访问是通过聚合根进行的。

⑧领域服务。

领域服务（Domain Service）是一个附加层，包含领域逻辑，是领域模型的一部分，就像实体和值对象一样。同时，应用服务是一个不包含领域逻辑的层，主要用于协调应用程序的活动，位于领域模型之上。

⑨存储库。

存储库（Repository）是简化数据基础架构的业务实体的集合，它将领域模型从基础设施问题中解放了出来。

2. 传统模型与领域驱动设计在架构层面的区别

服务（Service）、实体（Entity）和数据访问对象（Data Access Object，DAO）会创建不同的层。

实体表示来自数据库或任意一个集合的真实对象，主要用于存储实体的属性。实体之间可以通过继承建立联系。

服务主要用于存储业务逻辑。在通常情况下，一个服务需要依赖另一个服务，共同完成业务流程。在不同服务之间创建依赖关系，可以使服务层之间的关系更加丰富。

数据访问对象有助于从数据库中检索数据，如图 5-3 所示。数据访问对象之间也需要建立关系。在通常情况下，一个 DAO 代表一个实体。因为实体之间存在联系，所以实体之间需要建立相应的逻辑关系。

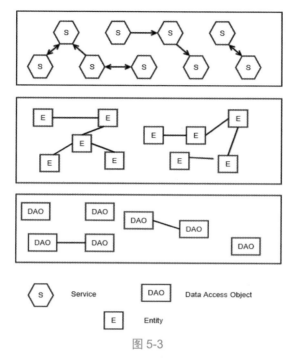

图 5-3

在研究领域驱动设计时，可以看到架构上的服务和实体。然而，它们以不同的方法放置到层中。领域驱动设计的架构中有值对象、聚合和存储库，但没有数据访问对象。

在领域驱动设计中，实体较少。值对象和实体可以聚集在聚合中。聚合表示一种解决方案，而不是架构中的一个问题。

实体具有身份。此外，一些功能是从服务转为实体的。实体可以实现一些基本的功能（如比较功能），而服务只关注业务逻辑。实体会减少软件上的服务。由于从服务到实体的基本功能和较少服务的存在，因此这一层比领域模型薄得多。

如图 5-4 所示，每个聚合都与一个存储库有关，使存储库所在的层更薄，就像服务一样。这些架构模型使开发者更容易专注于特定的领域或子域。从领域角度来看，通过区分不同的领域，可以使软件的功能更易于理解且错误更少。

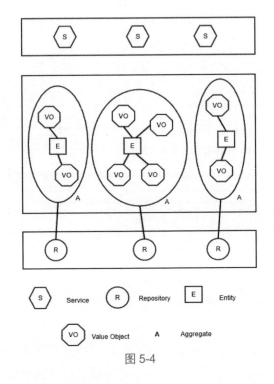

图 5-4

3. 领域驱动设计的实现方式

打包在编写 Go 代码时起着关键作用，开发者必须充分利用语言提供和依赖的打包机制。领域驱动设计的原则是将包设计为有界上下文，并且使用策略模式将包之间的通信视为有界上下文之间的通信，用于识别有界上下文之间的关系和协议。

下面介绍一个简单的学习示例，在该示例中，我们以适当的领域驱动设计术语命名每个组件和包，使其更易于理解和关联。在真正的存储库中，可能不会以这种方式命名包。

1）通过有界上下文打包

在 Go 语言中，包可以提供一组 API，用于创建或修改一组数据结构，这些数据结构在指定的有界上下文中具有特殊的含义。下面选择一个电子邮件地址作为示例。在本示例中，有界上下文是邮件被传递到的邮箱的标识符。

假设我们需要发送邮件给软件后台的管理人员和软件前台的用户，一种广泛使用但不是很有效的方法是按种类对事物进行分组，将不同的边界结合在一起，按种类分组定义函数。开发者可以定义一个 email 包，在 email 包中定义两个函数，分别是 NewAdminEmail()函数和 NewCustomerEmail()函数。其中，NewAdminEmail()
函数主要用于给软件后台的管理人员发送邮件，NewCustomerEmail()函数主要用于
给软件前台的用户发送邮件。示例代码如下：

```
package main

import (
    "fmt"
    "github.com/shirdonl/goDesignPattern/chapter5/ddd/example/email"
)

func main(){
    adminEmail, err := email.NewAdminEmail("info@shirdon.com")
    fmt.Println(adminEmail,err)
    //...
    customerEmail, err := email.NewCustomerEmail("barry@gmail.com")
    fmt.Println(customerEmail,err)
    //...
}
```

这个方法看起来可能还不错，因为开发者可以使用通用语言区分领域中的不
同电子邮件地址，但以上代码并没有考虑关于领域驱动设计的关键主题之一——
上下文。

当按种类对事物进行分组时，软件通过上下文进行沟通。在上面的代码中，当
开发者尝试使用 email 包时，即使开发者只需要使用其中的一个函数（如
NewAdminEmail()函数），也会将 NewCustomerEmail()函数一起导入该包。

下面使用另一种方法解决由某些 DDD 参数支持的这个问题，按上下文对事物
进行分组。这种方法要求在设计包时要考虑领域的边界，避免后期重新对应用程序
的包进行分组或拆分。将上面代码中的 email 包分成 admin 包和 customer 包，这两
个包中都有一个 NewEmail()函数，代码如下：

```
package main

import (
    "fmt"
    "github.com/shirdonl/goDesignPattern/chapter5/ddd/example/service/
admin"
    "github.com/shirdonl/goDesignPattern/chapter5/ddd/example/service/
customer"
)
```

```
func main(){
    adminEmail, err := admin.NewEmail("info@shirdon.com")
    fmt.Println(adminEmail,err)
    //...
    customerEmail, err := customer.NewEmail("barry@gmail.com")
    fmt.Println(customerEmail,err)
    //...
}
```

admin 包和 customer 包赋予了 NewEmail()函数特殊的含义。包保护和隔离了两个不同边界的不变量。按上下文分组，可以使开发者更容易完成领域分析，从而为后期开发节省时间和精力。

另一个常用的示例是调度事件的应用程序。开发者将与应用程序有关的所有事件放在同一个包中，将不同的领域模型绑定在一起，即使它们与我们的需求无关。在该示例中，客户、产品、用户的事件代码被分组放在 events 包中，包结构如下：

```
app
├── customer
│   └── customer.go
├── events
│   ├── customer_events.go
│   ├── product_events.go
│   └── user_events.go
├── product
│   └── product.go
└── user
    └── user.go
```

可以利用上下文并根据产生事件的模型拆分客户、产品和用户的事件代码，让领域分析帮助开发者团队定义哪个边界中包含什么。根据开发者的现有关系，可以通过两种方式进行建模。

①如果这个代码库由一个没有其他开发者团队依赖于这些事件的开发者维护，那么开发者团队可以将它们分组到模型所在的同一个包中，无须创建不同的子包。例如，将上面的 events 包拆分，将 events 包中的代码拆分到 customer 包、product 包和 user 包中，并且将其统一命名为 events.go，新的包结构如下：

```
app
├── customer
│   ├── events.go
│   └── customer.go
├── product
│   ├── events.go
```

```
| └── product.go
└── user
    ├── events.go
    └── user.go
```

②当其他开发者团队依赖这些事件时，情况开始有所不同，这意味着开发者团队之间有上下游关系，上游开发者团队规定了这些事件的表示规则，但其仍然希望考虑下游开发者团队的需求。我们可以使用 DDD 命名法，将这种关系定义为客户-供应商关系（Customer-Supplier Relationship）。由于上、下游的开发者团队都希望找到一种让应用程序通信的智能且可维护的方式，因此可以创建一些定义通信边界的子包。例如，我们可以将上面的 events.go 文件拆分到 event 子包中，包结构如下：

```
app
├── customer
│   ├── event
│   │   ├── registered.go
│   │   ├── activated.go
│   │   └── banned.go
│   └── customer.go
├── product
│   ├── event
│   │   ├── added.go
│   │   ├── removed.go
│   │   └── published.go
│   └── product.go
└── user
    ├── event
    │   ├── logged.go
    │   └── signed.go
    └── user.go
```

在将包的数量从 4 个增加到 6 个后，有些人可能会担心创建的包的数量过多，可能看起来像是面向对象的设计。不用担心，从领域分析的角度来看，创建子包的需求是一个明确的需求，并且不会有任何包污染，因为我们没有将包作为命名空间。

如前所述，包是提供一组 API 的边界，主要用于创建或修改一组数据结构，保护和隔离不变量。这意味着我们隔离了模型周围的事件，但不依赖它，让其他开发者团队重用事件包，而无须将模型携带到他们的代码库中。

2）在不同的包之间定义更好的通信策略

为了快速检测位于同一个代码库中的包之间的关系和通信策略，必须了解每个包之间的依赖关系。文件夹结构可以解释领域边界之间的依赖关系并设置策略，从而避免不相关代码的高耦合或级联依赖关系。如果在同一个级别上没有包的导入，则可能不存在高耦合，因为这可能是错误领域建模的标志，或者只是代码方面的非最佳设计选择。在通常情况下，在同一个级别上导入包时，可以将一个包移动到另一个包中，从而定义更清晰的有界上下文。

想象一下如下场景：有一个包含领域模型表示的包 customer 和一个用于从第三方服务检索客户数据的包 client，包结构可能如下：

```
app
├── customer
│   └── customer.go #customer 包依赖于 client 包，导入 app/client 包
└── client
    └── client.go
```

从打包的角度来看，这两个包不相关，因为它们显然不共享任何东西，但是在查看代码实现时可以发现，customer 包依赖于 client 包。这时适合将 client 包放入 customer 包。可以将 client 包视为独立包，从而将二者的边界分开。此时的包结构如下：

```
app
├── customer
│   ├── client
│   │   └── client.go
│   └── customer.go #导入 app/customer/client 包
```

这样我们就清楚地看到了两个边界之间的依赖关系。当然，如果可以避免创建 client 包，则会更好。

有时必须让两个或多个包进行通信，即使它们处于同一个级别，但这使包之间的关系变得更加难以理解。想象我们有一个领域，交付团队需要运送产品，而产品团队拥有产品模型。交互团队和产品团队要进行高效率的沟通会比较困难，因为两个团队使用的通用语言只有部分重叠，没有任何好的理由定义它们之间的上下游通信。包含此领域的包结构可能如下：

```
app
├── delivery
│   └── delivery.go #可能会导入 app/product 包
├── product
│   └── product.go  #可能会导入 app/delivery 包
```

在这种情况下，开发者团队的目标是避免两个包之间的直接依赖关系。如果两个有界上下文需要共享有关领域模型的详细信息，并且开发者团队希望不会将模型

数据泄漏到拥有的有界上下文中，则可以通过创建第 3 个包（如包 pubsub）实现。
此时的包结构如下：

```
app
├── delivery
│      └── delivery.go  #导入 app/pubsub 包
├── product
│      └── product.go   #导入 app/pubsub 包
├── pubsub
│      └── pubsub.go
```

pubsub 包仅使用必需的字段（而不是每个包的整个结构）在包之间转换数据，
可以减少级联依赖项的数量。

5.3.2　Go 语言实战

假如我们要开发一个实现浏览器标签和书签的产品，用于促进用户与打开最多
的标签进行交互，它允许客户创建标签集合并在工作空间中共享这些集合。

该领域是关于标签和书签的。在分析过程中定义了领域的通用语言后，我们需
要编码的元素之一是选项卡的标题。标题必须是包含 1～50 个字符的字符串，并且
不得为空。标签及其标题的编码如下：

```
//tab/tab.go
package tab

type Tab struct {
    Title string
}
```

在 main 包中调用 tab 包，代码如下：

```
package main

import "tab"

func main() {
    t := Tab{Title:""}
    //...
}
```

在第一次迭代中，只需要几行代码，非常简洁。但是在 main.go 文件中刚刚创
建了一个标题为空的 Tab；这种情况不应该在领域驱动设计中发生，因为存在需要

保护的不变量。因此以上代码需要优化，可以通过添加一些验证规则保护领域中的
不变量。优化后的代码如下：

```go
//tab/tab.go
package tab

import (
    "errors"
)

type Tab struct {
    Title string
}

func New(t string) (*Tab, error) {
    switch l := len(t); {
    case l < 1:
        return nil, errors.New("tab: could not use title less than 1
char")
    case l > 50:
        return nil, errors.New("tab: could not use title more than
50 char")
    default:
        return &Tab{Title:t}, nil
    }
}
```

　　main 包调用 tab 包的代码如下：

```go
package main

import "tab"

func main() {
    t, err := Tab.New("a valid title")
    if err != nil {
        panic(err)
    }
    t.Title = ""
    //...
}
```

　　现在上面的代码看起来比以前好多了。保护领域不变量的验证规则在 New()工
厂函数中。但是同样，开发者仍然能够使标题的不变量无效，因为 Go 语言提供的
关于导出标识符的语言机制允许重新设置包的属性。可以将 Tab 类型的字段设置为

首字母小写的私有变量，这样，包外面的代码就不能重新修改变量了，代码如下：

```
//tab/tab.go
package tab

import (
    "errors"
)

type Tab struct {
    title string
}
func New(t string) (*Tab, error) {
    switch l := len(t); {
    case l < 1:
        return nil, errors.New("tab: could not use title less than 1
char")
    case l > 50:
        return nil, errors.New("tab: could not use title more than
50 char")
    default:
        return &Tab{title:t}, nil
    }
}
```

main 包调用 tab 包的代码如下：

```
package main

import "tab"

func main() {
    t, err := tab.New("a valid title")
    if err != nil {
        panic(err)
    }
    t2 := &tab.Tab{}
    //...
}
```

最终创建了一个有效的 Title 并将其分配给变量 t，调用者显然不能再更改它了。但是变量 t2 处于无效状态，它没有标题，更准确地说，变量 t2 的值是字符串类型的零值。每次在应用程序的任意一个函数中给出 Title 类型的零值，都可能使应用程序更具防御性并返回错误。

可以发现，由于 Go 语言的机制，因此无法通过设计实现始终有效的状态。在设计包时，因为用户要使用它，所以需要公开与包安全交互所需的 API，并且授权用户可以使用它，这意味着即使用户不使用包的可用功能，也可以创建处于无效状态的类型包。

无论如何，在某些情况下，更严格地围绕包的 API 采取行动是有意义的，尤其是在大型软件开发环境中。例如，在一个不断推送功能的开发者团队中，很难跟踪代码的所有修改操作，在某些包中添加更多保护，有助于尊重领域不变量，从而减少错误数量。

但是在添加防御性代码前，必须明确需求，测量由缺乏保护导致的错误、中断和事件的数量，因为额外的防御性方法会提高应用程序的复杂性。

领域驱动设计的目标是不陷入面向对象的陷阱，并且利用编程语言的机制减少 API 攻击面和降低包耦合。

1. 创建值对象

值对象主要用于将相关事物分为一个不可变的单元，可以利用组成值对象的属性对值对象的值进行比较，示例代码如下：

```
package tab

import (
    "encoding/json"
    "errors"
    "fmt"
    "strings"
)

const (
    minTitleLength = 1
    maxTitleLength = 50
)

var (
    //给出无效标题时使用的错误
    ErrInvalidTitle = errors.New("tab: could not use invalid title")
    ErrTitleTooShort = fmt.Errorf("%s: min length allowed is %d",
ErrInvalidTitle, minTitleLength)
    ErrTitleTooLong = fmt.Errorf("%s: max length allowed is %d",
ErrInvalidTitle, maxTitleLength)
```

```
)

//Title 表示标签标题
type Title string

//返回标题和错误
func NewTitle(d string) (Title, error) {
    switch l := len(strings.TrimSpace(d)); {
    case l < minTitleLength:
        return "", ErrTitleTooShort
    case l > maxTitleLength:
        return "", ErrTitleTooLong
    default:
        return Title(d), nil
    }
}

//返回标题的字符串表示
func (t Title) String() string {
    return string(t)
}

//如果标题相等，则返回 true
func (t Title) Equals(t2 Title) bool {
    return t.String() == t2.String()
}
```

1）值对象设计的选择和优势

值对象有利于将领域中的概念表示为代码，并且具有领域不变量的内置验证。
Title 类型公开的 API 允许我们在有效状态下构建它，因为指定的 NewTitle()工厂函
数可以检查传入属性的有效性。

将验证规则与值对象耦合的主要优势是代码库更易于维护，并且不再有重复的
验证逻辑，因为我们会不断地重复使用值对象的代码。例如，解码 JSON 请求正文，
代码如下：

```
//添加标签请求
type addTabReq struct {
    Title Title `json:"tab_title"`
}

//解码 JSON 请求正文
func (r *addTabReq) UnmarshalJSON(data []byte) error {
    type clone addTabReq
```

```
    var req clone
    if err := json.Unmarshal(data, &req); err != nil {
        return err
    }

    var err error
    if r.Title, err = NewTitle(req.Title.String()); err != nil {
        return err
    }

    return nil
}
```

值对象还公开了一个 Equals()方法，用于确保与其他值的比较使用的是它包含的所有字段，而不是内存地址，可以减少值比较的错误和代码重复的数量。

> ● 注意：
>
> 在以上示例中，Tab 结构体中只有一个字段，但值对象可以由多个字段组成并表示为结构体。

值对象是不可变的，因此 Title 类型在方法中只有值接收器。

下面以 0 为例讲解为值对象选择不可变设计的原因。0 是不可变的，将一个数字与 0 进行数学运算，不会改变 0 仍然是 0 的事实。出于同样的原因，值对象不会改变，它所代表的东西是独一无二的。

在设计理念上，拥有不可变的值对象更安全。在使用值对象作为模型的字段时，不可变设计使其免受由可变共享状态引起的副作用的影响，这是常见的错误来源，尤其是在 Go 语言等并发编程语言中。

2）将值对象文件放在哪里

将值对象文件放在拥有由值对象实现的不变量的包中，因为值对象不应该在包之间共享。

```
app
├── tab
│   ├── tab.go
│   └── title.go
```

当值对象表示非常通用的规则（如电子邮件）时，在不同的包中重用值对象可能是有意义的，但是由开发者决定是否保持包解耦。

2．创建实体、聚合和聚合根

实体、聚合和聚合根的概念有些相似，这种相似性对第一次接触它们的读者来说不太容易区分。可以将实体、聚合和聚合根结合起来使用，以便实现最佳模型设计。

1）创建实体

实体是一种领域类型，它不是由其属性定义的，而是由其标识符定义的，示例代码如下：

```go
package tab

import (
    "encoding/json"
    "time"
)

//Tab 表示一个标签
type Tab struct {
    ID          int
    Title       Title
    Description string
    Icon        string
    Link        string
    Created     time.Time
    Updated     time.Time
}

//返回第一次创建的标签对象
func New(id int, title Title, description string, icon string,
link string) *Tab {
    return &Tab{
        ID:          id,
        Title:       title,
        Description: description,
        Icon:        icon,
        Link:        link,
        Created:     time.Now(),
    }
}

//更新标签对象的属性
func (t *Tab) Update(title Title, description string, icon string,
link string) {
    t.Title = title
    t.Description = description
    t.Icon = icon
```

```
    t.Link = link
    t.Updated = time.Now()
}

//添加标签对象的请求
type addTabReq struct {
    Title Title `json:"tab_title"`
}

//解码 JSON 请求正文
func (r *addTabReq) UnmarshalJSON(data []byte) error {
    type clone addTabReq
    var req clone
    if err := json.Unmarshal(data, &req); err != nil {
        return err
    }

    var err error
    if r.Title, err = NewTitle(req.Title.String()); err != nil {
        return err
    }

    return nil
}
```

一个实体可能看起来像是一个由多个字段组成的值对象，但实体和值对象之间的主要区别在于标识的概念。实体有一个标识（Tab 示例中的 ID），而值对象没有标识，因为它表示一个值的标识符。

有一个标识意味着一个类型可以随着时间而改变，并且仍然代表相同的原始类型，因此，实体应该被设计为可变类型，从代码的角度来看，这导致了指针使用接收器。

实体是核心领域组件，因此需要确保实体所代表的领域概念的有效性。例如，在以上代码中，New()工厂函数主要用于创建 Tab 对象，Update()方法主要用于更新 Tab 对象的属性，Tab 对象就是核心领域组件。

为了更容易使用领域中的通用语言，实体应该使用值对象作为构建块。

> ● 注意：
>
> Tab 结构体中的 Created 和 Updated 字段使用内置值对象 time.Time，因为在设计上它是不可变的且代表域的时间。

2）创建聚合

聚合是一组领域类型黏合在一起的单个工作单元。一个聚合中可能包含其他聚合。根据本节开头的领域介绍，可以将集合包 collection 作为聚合，代码如下：

```go
package collection

import (
    "github.com/shirdonl/goDesignPattern/chapter5/ddd/app/workplace/collection/tab"
    "time"
)

//Collection 表示一个集合
type Collection struct {
    ID      int
    Name    string
    Tabs    []*tab.Tab
    Created time.Time
    Updated time.Time
}

//返回第一次创建的集合
func New(id int, name string) *Collection {
    return &Collection{
        ID:      id,
        Name:    name,
        Tabs:    make([]*tab.Tab, 0),
        Created: time.Now(),
    }
}

//重命名集合
func (c *Collection) Rename(name string) {
    c.Name = name
    c.Updated = time.Now()
}

//将 Tab 对象添加到集合中
func (c *Collection) AddTabs(tabs ...*tab.Tab) {
    c.Tabs = append(c.Tabs, tabs...)
    c.Updated = time.Now()
}

//如果标签存在，则将其删除
func (c *Collection) RemoveTab(id int) bool {
```

```go
    for i, t := range c.Tabs {
        if t.ID == id {
            c.Tabs[i] = c.Tabs[len(c.Tabs)-1]
            c.Tabs[len(c.Tabs)-1] = nil
            c.Tabs = c.Tabs[:len(c.Tabs)-1]
            c.Updated = time.Now()
            return true
        }
    }

    return false
}

//如果标签存在，则将其返回
func (c *Collection) FindTab(id int) (*tab.Tab, bool) {
    for _, t := range c.Tabs {
        if t.ID == id {
            return t, true
        }
    }

    return nil, false
}

//如果标签存在，则更新标签
func (c *Collection) UpdateTab(t *tab.Tab) bool {
    for i, tb := range c.Tabs {
        if tb.ID == t.ID {
            c.Tabs[i] = t
            c.Updated = time.Now()
            return true
        }
    }

    return false
}
```

聚合共享实体的相同设计。聚合是可变的，具有标识，并且使用值对象作为构建块。实体和聚合的区别在于，实体可以是更多领域类型的集群，也可以对更多的聚合进行分组。

3）创建聚合根

聚合根（Aggregate Root）是聚合的根，主要用于在领域用例中进行交互。这意味着，使用聚合根能以一种极其简化的方式，从数据库中检索聚合的标识符。

在以下代码的领域中，workspace 包是聚合根。

```
package workspace

import (
    "github.com/shirdonl/goDesignPattern/chapter5/ddd/app/workplace/
collection"
    "time"
)

//工作区
type Workspace struct {
    ID          int
    Name        string
    CustomerID  int
    Collections []*collection.Collection
    Created     time.Time
    Updated     time.Time
}

//返回第一次创建的工作区
func New(id int, name string, customerID int) *Workspace {
    return &Workspace{
        ID:          id,
        Name:        name,
        CustomerID:  customerID,
        Collections: make([]*collection.Collection, 0),
        Created:     time.Now(),
    }
}

//更改工作区的名称
func (w *Workspace) Rename(name string) {
    w.Name = name
    w.Updated = time.Now()
}

//添加一个集合
func (w *Workspace) AddCollections(collections ...*collection.Collection) {
    w.Collections = append(w.Collections, collections...)
    w.Updated = time.Now()
}

//如果集合存在，则将其删除
func (w *Workspace) RemoveCollection(id int) bool {
    for i, coll := range w.Collections {
```

```
        if coll.ID == id {
            w.Collections[i] = w.Collections[len(w.Collections)-1]
            w.Collections[len(w.Collections)-1] = nil
            w.Collections = w.Collections[:len(w.Collections)-1]
            w.Updated = time.Now()
            return true
        }
    }

    return false
}

//如果集合存在，则对其进行重命名
func (w *Workspace) RenameCollection(id int, name string) bool {
    for _, coll := range w.Collections {
        if coll.ID == id {
            coll.Rename(name)
            w.Updated = time.Now()
            return true
        }
    }

    return false
}
```

4）在哪里放置它们

在将领域表示为代码时，实体、聚合和聚合根这 3 个概念是非常重要的，因为它们是主题，所有的特征和常量都围绕着它们，所以实体、聚合和聚合根应该拥有自己的软件包，作为所有依赖它们的领域类型的入口，相应的包结构如下：

```
app
├── workspace
│   ├── workspace.go
│   ├── #...
│   └── collection
│       ├── collection
│       ├── #...
│       └── tab
│           ├── title.go
│           ├── repo.go
│           ├── #...
│           └── tab.go
```

在以上包结构中，将实体、聚合和聚合根拆分为不同的包，可以在只需要一个领域类型时，不必导入所有领域类型。

3．创建存储库

存储库模式可能是领域驱动设计中最广为人知的模式之一。该模式表示一种机制，主要用于将领域类型与持久性进行映射，公开 API 模仿与内存的交互。通常将其表示为接口，示例代码如下：

```
package tab

import "errors"

var(
    //存储库返回的错误
    ErrRepoNextID  = errors.New("tab: could not return next id")
    ErrRepoList    = errors.New("tab: could not list")
    ErrNotFound    = errors.New("tab: could not find")
    ErrRepoGet     = errors.New("tab: could not get")
    ErrRepoAdd     = errors.New("tab: could not add")
    ErrRepoRemove  = errors.New("tab: could not remove")
)

type ID int

type Repo interface {
    //返回下一个空闲 ID，在失败的情况下会返回一个错误
    NextID() (ID, error)
    //返回一个选项卡切片，在失败的情况下会返回一个错误
    List() ([]*Tab, error)
    //返回一个 tab 或 nil，如果没有找到或失败，则返回一个错误
    Find(ID) (*Tab, error)
    //如果未找到或失败，则获取返回的选项卡和错误
    Get(ID) (*Tab, error)
    //添加持久化选项卡（已经存在或不存在），在失败的情况下会返回一个错误
    Add(*Tab) error
    //删除选项卡并返回，在未找到或失败的情况下会返回一个错误
    Remove(ID) error
}
```

1）存储库设计的选择和优势

从设计和技术的角度来看，存储库模式提供了多种优势，采用存储库模式可以将应用程序与特定数据库（如 MySQL、MongoDB 等）解耦。

迁移应用程序，以便使用不同的数据库，一直是一项昂贵的操作，但使用存储

库模式可以降低成本，因为创建或更新一个存储库实现，即可使用新数据库，并且存储库接口可以保护并更新整个代码库。

为了便于迁移应用程序，需要将存储库及其错误放在同一个包中，因此，即使进行错误检查，也只有拥有存储库接口的包与整个应用程序进行耦合。例如，定义一个名为 MysqlRepo 的类，该对象拥有一个 Add()方法，除基本的处理逻辑外，最后会返回一个 error，代码如下：

```
//这里是一个 MySQL 实现
type MysqlRepo struct {
}

func (r *MysqlRepo) Add(t *tab.Tab) error {
    //...
    return fmt.Errorf("error: %s %s", tab.ErrRepoAdd, "a more
detailed reason here")
}
```

从设计的角度来看，应用存储库有助于定义上下文的清晰边界，并且使其与不相关的子域分离，因为存储库的 API 主要使用聚合根及其 ID 值对象，但不仅限于此。

存储库的 API 会强制使用和建立通用语言。例如，在读取操作中，可以使用过滤器参数，并且为该需求指定具体的 API。

在需要过滤的地方，通常可以声明一个使用通用语言的专用函数，从而减少认知负荷，降低应用程序的复杂性。

2）放在什么地方

将有关存储库接口的文件放在包含聚合的包中。对于实现的文件，通常将其放在内部目录下。例如，如果要对 MySQL 数据库进行查询，那么通常将其放在内部目录下，因为它们与应用程序高度耦合，不应该在不同的地方重用。最终的包结构如下：

```
app
├── internal
│   ├── tab
│   │   ├── repo.go #这是一个 MySQL 实现
├── tab
│   ├── repo.go #这里是接口和错误
```

本节完整代码见本书资源目录 chapter5/ddd。

5.3.3 优缺点分析

1. 领域驱动设计的优点

- 使用领域驱动设计可以进行更好的沟通。使用通用领域语言（又称为通用语言），可以使开发者和业务人员之间，以及开发者之间的交流变得更加容易。由于通用语言中可能包含开发者引用的更简单的术语，因此不需要使用复杂的技术术语。
- 领域驱动设计灵活性更高。由于系统是根据处理业务领域构建的，因此可以快速适应新的功能需求，开发者可以更灵活地对系统进行定期修改和改进。
- 领域驱动设计的可维护性更强。由于系统是通过封装构建领域模型的方式构建的，因此通常更易于维护。

2. 领域驱动设计的缺点

- 领域驱动设计需要领域专业知识，以及领域专家和开发者之间的定期沟通。即使对于从事开发工作的技术较为先进的团队，也必须至少有一名领域专家了解应用程序主题领域的精确特征，有时需要几个完全了解该领域的团队成员。
- 领域驱动设计可能会更加昂贵，这通常会导致更长的开发和持续时间，最终转化为更高的业务成本。因此，领域驱动设计不适合短期项目或领域复杂性不高的项目。

5.4 回顾与启示

本章通过讲解空对象模式、规格模式、领域驱动设计的相关知识，让读者对设计模式扩展进行深入的学习和 Go 语言实战，了解设计模式的扩展部分，为读者的项目实战提供一定的参考。

第 6 章

设计模式与软件架构

本章包括设计模式与软件架构、MVC 架构、RPC 架构、三层架构、微服务架构和事件驱动架构。

6.1　软件架构

6.1.1　软件架构简介

1. 什么是软件架构

软件架构（Software Architecture）描述了设计和构建应用程序的模式和技术。软件架构为开发者提供了构建应用程序要遵循的技术路线图和最佳实践方法，以便最终获得结构良好的应用程序。

软件架构是构建应用程序的起点或路线图，但开发者需要根据自己的实际情况，选择对应的编程语言实现软件架构。例如，第一步要选择编写应用程序的编程语言，有许多用于进行软件开发的编程语言，包括 Go、Ruby、Python、Swift、TypeScript、Java、PHP 和 SQL 等，构建应用程序使用哪种编程语言取决于应用程序的类型、可用的开发资源和要求，如用于进行移动应用程序开发的 Swift、用于进行前端开发的 JavaScript。

早期的应用程序是作为单个代码单元编写的，其中，组件共享相同的资源和内存空间，这种软件架构称为单体架构。现代应用程序的软件架构通常是松耦合的，使用微服务和应用程序接口（Application Programming Interface，API）连接服务，为云原生（Cloud Native）应用程序提供了基础。

> • 提示：
>
> 　云原生开发可以加快构建新应用程序、优化现有应用程序，并且可以跨私有云、公共云和混合云，从而提供一致性开发和自动化管理体验。

2．选择合适的软件架构

在决定为新应用程序使用哪种软件架构或评估当前软件架构时，软件开发者或软件架构师应该先确定战略目标，再设计支持该目标的软件架构，不应先选择软件架构，再尝试使应用程序适用于该软件架构。因此，要根据客户或运营需求、软件发布的频率、业务目标和开发需求，制订合理的软件架构和开发周期。

3．主流软件架构

1）N 层架构

N 层架构（N-Tier Architecture）是一种多层的客户端-服务器端架构，其中表示、处理和数据功能被划分为在逻辑和物理上独立的层。使用层可以分离职责和管理依赖关系。每个层都有特定的职责。较高层可以使用较低层中的服务，但较低层不可以使用较高层中的服务。层在物理上是可以分开的，可以在不同的机器上运行。一个层可以直接调用另一个层，或者使用异步消息传递（消息队列）。尽管每个层都可能托管在自己的层中，但这不是必需的。多个层可能托管在同一个层上。物理分离层提高了应用程序的可扩展性和弹性，但也增加了额外的网络通信延迟。

传统的三层应用程序中包含表示层、中间层和数据库层。中间层是可选的。更复杂的应用程序可以有更多个层。

N 层应用程序可以采用封闭层架构或开放层架构。

- 在封闭层架构中，一个层只能调用下一个层。
- 在开放层架构中，一个层可以调用它下面的任何层。

封闭层架构限制了层之间的依赖关系。如果一个层只可以将请求传递到下一个层，则可能会产生不必要的网络流量。N 层架构是一种传统架构，通常用于构建本地和企业应用程序，并且经常与遗留应用程序相关联。在 N 层架构中，应用程序中通常包含 3 个层或更多个层，每个层都有自己的的职责。层有助于管理依赖关系并实现逻辑功能。在 N 层架构中，层是水平排列的，因此它们只能调用下面的层。一个层要么只能调用它下面的某个层，要么可以调用它下面的任何层。

2）单体架构

单体架构（Monolithic Architecture）是一种将所有功能打包在一个容器中运行的软件架构，一个实例中集成了一个系统的所有功能。

单体架构是一种与遗留系统有关的软件架构，它包含相应应用程序中所有功能的单个应用程序堆栈。这在服务之间的交互及它们的开发和交付方式中都是紧密耦合的。

> ● 提示：
>
> 更新或扩展单个应用程序的单个方面会对整个应用程序及其底层基础架构产生影响。

在对应用程序代码进行更改后，需要重新发布整个应用程序。因此，版本更新通常每年只发生一次或两次，并且可能只涉及一般维护，不会实现新功能。

与单体架构相比，更现代的软件架构试图通过功能或业务能力分解服务，从而提供更高的敏捷性。

3）微服务架构

微服务架构（Microservice Architecture）是一种用于开发应用程序的软件架构。利用微服务架构，可以将大型应用程序分解成多个独立的组件，其中，每个组件都有各自的责任领域。微服务架构既是一种软件架构，又是一种编写软件的方法。

微服务是分布式松耦合的，因此它们不会相互影响，可以提高动态可扩展性和容错性：单个服务可以根据需要进行扩展，而不需要繁重的基础设施，或者可以在不影响其他服务的情况下进行故障转移。

使用微服务架构的目标是更快地开发出高质量的软件。开发者可以同时开发多个微服务。此外，由于服务是独立部署的，因此开发者不必在进行更改时重新构建或重新部署整个应用程序，使开发者可以致力于他们的个人服务，从而缩短开发时间。与应用程序接口和 DevOps 团队一起，容器化微服务是云原生应用程序的基础。

> ● 提示：
>
> DevOps（Development 和 Operations 的组合词）是一种重视软件开发者和 IT 运维技术人员之间沟通合作的文化、运动或惯例。DevOps 可以通过自动化软件交付和架构变更流程，使软件的构建、测试、发布更加快捷、频繁、可靠。

4）事件驱动架构

事件驱动架构（Event-Driven Architecture，EDA）是一种用于设计应用程序的软件架构。对事件驱动架构而言，事件的捕获、通信、处理和持久保留是结构核心。这与传统的请求驱动架构不同。事件的来源是内部或外部输入。事件驱动架构实现了最小的耦合，使其成为现代分布式软件架构的一个不错的选择。

事件驱动架构由事件生产者和事件消费者组成。事件生产者主要用于检测或感知事件并将事件表示为消息，它不知道事件消费者或事件结果。在检测到事件后，通过事件通道将检测到的事件从事件生产者传输给事件消费者，事件处理平台会在这个过程中异步处理事件。

事件驱动架构可以基于发布-订阅模式（Publish-Subscribe Pattern）或事件流模型（Event-Flow Model）。发布-订阅模式可以基于对事件流的订阅。使用发布-订阅模式，在事件发生或发布后，会将其发送给需要通知的订阅者。

事件在物联网（Internet of Things，IoT）设备、应用程序和网络等事件源中发生时会被捕获，允许事件生产者和事件消费者实时共享状态和响应信息。

5）面向服务的架构

面向服务的架构（Service-Oriented Architecture，SOA）是一种成熟的软件架构，类似于微服务架构。面向服务的架构可以将应用程序构建成离散的、可重用的服务，这些服务可以通过企业服务总线（Enterprise Service Bus，ESB）进行通信。

> **• 提示:**
> ESB 本质上是一种架构，它是一组规则和原则，通过类似总线的基础架构将多个应用程序集成在一起。用户可以通过 ESB 平台构建这种类型的架构，但构建方式和提供的功能各不相同。

在面向服务的架构中，每个服务都围绕特定的业务流程进行组织，遵循通信协议（如 SOAP、ActiveMQ 或 Apache Thrift）并通过 ESB 平台公开自己。总之，前端应用程序会使用通过 ESB 平台集成的服务为企业或客户提供价值。

6.1.2　软件架构与设计模式的区别

很多开发者会混淆软件架构和设计模式的概念，实际上它们是完全不同的概念。软件架构通常考虑的是代码重用，而设计模式通常考虑的是设计重用，应用框架介于两者之间，部分代码重用，部分设计重用，有时分析也可重用。软件架构与设计模式的区别如下。

1．软件架构的基本元素是组件，设计模式的基本元素是类

软件架构的元素主要是类或模块的集合，通常表示为框。在软件架构中，架构图处于软件架构的最高层次，而类图处于软件架构的最低层次。软件架构主要用于展示系统的主要部分如何组合在一起、消息和数据如何在系统中流动，以及其他结构问题。

软件架构图的定义通常不像类图那么严格。在通常情况下，软件架构图主要用于显示系统的一个方面，并且图标越简单，效果越好。在 N 层架构中，一部分层是封闭的（只能从上层访问），还有一部分层是开放的（如果没有附加值，则允许绕过该层）。N 层架构的示例如图 6-1 所示。

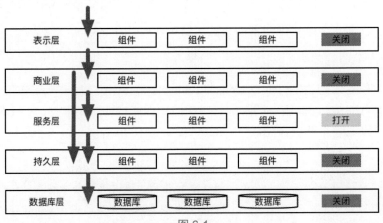

图 6-1

在 N 层架构中，"层是封闭的还是开放的"特性很重要，因为该特性会影响 N 层架构的功能。例如，如果开发者违反了 N 层架构的"关注点分离和层隔离"原则（如开发者从表示层直接到数据库层的查询操作），则会损害这种架构的主要优势。N 层架构通常由多个层次图组成，每个层次图都显示一个重要的维度。

2．设计模式通常使用一种实体，软件架构通常使用多种组件

设计模式通常使用一种实体（来自面向对象编程的类），并且可以说明解决方案中实体之间的关系。软件架构通常使用多种组件，组件通常由更小的模块组成，

每个组件在软件架构中都有责任。

微内核架构的示例如图 6-2 所示。微内核架构是一种简单的软件架构，只使用两种组件，即核心系统和插件组件。其他软件架构通常有更多的活动部分。

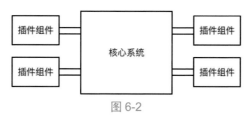

图 6-2

3. 混合体在软件架构中很常见，但在设计模式中很少见

混合体的一个很好的例子是基于服务的架构。基于服务的架构是面向服务的架构和微服务架构的混合体，如图 6-3 所示。

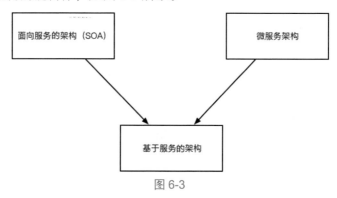

图 6-3

将架构风格嵌入其他风格也很常见。例如，在图 6-3 所示的基于服务的架构中，一个服务使用面向服务的架构实现，另一个服务使用微服务架构实现。

混合体在软件架构中很常见，但在设计模式中很少见。

4. 软件架构和设计模式的用途不同

软件架构类似于建筑的框架结构，设计模式类似于房屋的装修风格。虽然二者都旨在增强清晰度和理解力，但它们在不同的抽象级别上运行。

软件架构师必须掌握构建最佳内部结构的设计模式，以及帮助定义和维护应用程序底层框架结构的软件架构。

6.1.3　如何选择软件架构

选择软件架构是开发过程中的一项重要任务。开发者需要确保他们选择合适的软件架构或设计模式，因为中途改变软件架构或设计模式是一项艰巨且代价高昂的挑战。在选择了开发团队和软件开发方法后，就可以开始选择软件开发过程中使用的软件架构了。选择软件架构是软件开发过程中克服的第一个困难。

如果一家公司选择的软件架构使软件设计过于严格、死板，则会与敏捷开发方法相冲突，并且需要过多的大型设计；如果软件架构过于松散或没有完全实现，那么软件设计的开放边界会让开发者感到困惑。

选择合适的软件架构对软件开发至关重要。软件架构是沟通的基础，是整个软件产品的计划，对于利益相关者的理解至关重要。没有软件架构可以对所有软件开发场景都有效。软件公司需要根据具体情况选择合适的软件架构。

1．软件架构的选择标准

在选择软件架构时，开发者需要根据公司的业务需求、开发团队的能力及软件产品的功能需求选择合适的软件架构。下面详细介绍软件架构的选择标准。

1）结合具体产品的功能需求进行选择

每个软件架构都包含一个用于完成常见软件任务的基本结构。开发者需要选择一种能够解决所需问题的软件架构，而非最容易使用的软件架构。

具体的开发需求及产品特性是选择软件架构的重要依据。开发者需要确保所选的软件架构适合软件产品的预期目的和功能。每个软件架构都有一个基于其结构的常用应用程序列表。开发者需要审查并查看哪些软件架构最适合实现其产品功能，从而确保选择合适的软件架构。

2）结合开发者的实际情况进行选择

在评估不同的软件架构时，应该结合开发者的实际情况。在选择软件架构前，需要咨询开发团队的经验及整体业务需求。在选择软件架构前，需要思考所选的软件架构是否满足公司的业务需求，公司的开发团队是否具备维护软件架构所需的专业知识。

开发者需要在选择软件架构的过程中评估其公司及人员，从而确保所选的软件架构适合其软件开发团队。公司应额外审查项目的预算和预期的最后期限，从而确保所选的软件架构不会使软件产品不必要地复杂化。公司应该选择简单、合适的软件架构，从而确保项目按时完成。

大部分软件架构问题都是以前解决的软件架构问题的变体。开发者通常可以找到类似的软件架构，或者至少可以找到用于创建整体软件架构的架构组件。开发者应该从过去的案例中寻找灵感和完成工作的方法。

总之，选择合适的软件架构很重要。在通常情况下，所选的软件架构应该具有低容错性、可扩展性及可靠性。

2．不好的软件架构可能会使项目复杂化

不好的软件架构可能会使软件开发项目复杂化，因为会增加软件开发的工作量，不利于软件公司节省成本。

选择合适的软件架构有助于缓解软件开发过程中发现的一些问题。然而，在软件开发初期选择软件架构可能不是所有开发者的正确选择，当涉及架构组件设计时，软件架构是一个很好的工具。然而，在实战开发中，通常会出现过度设计的情况。开发者应该根据实际情况做出决定。

在选择软件架构前，需要考虑软件产品顶级组件的整体视图。这一步很重要，软件架构不应被视为一种软件开发的顶级方法，因为软件架构的价值主要在设计特定软件组件时才有所体现。总体而言，开发者在准备使用一个软件架构前，应该仔细评估该软件架构是否符合开发者的实际要求。对于某些软件架构，如果使用不当，则可能会使项目的开发过程更加复杂。

6.2　MVC 架构

6.2.1　MVC 架构简介

MVC（Model View Controller，模型视图控制器）架构是一种软件架构，通常用于开发用户界面，将相关的程序逻辑划分为相互关联的 3 部分，从而将信息的内部表示与向用户呈现信息、接收信息的方式分开。MVC 架构的 3 部分如下。

- 模型（Model）：主要用于管理数据和业务逻辑。模型对应于用户使用的所有

数据相关逻辑。模型可以在视图和控制器之间传输数据。例如，在模型中，客户对象可以从数据库中检索客户信息，并且对客户信息进行与数据库有关的操作。

- 视图（View）：主要用于处理布局和显示相关的业务，以及处理与应用程序有关的 UI 逻辑。例如，客户视图中包含最终用户与之交互的所有 UI 组件，如文本框、下拉列表。

- 控制器（Controller）：主要用于将命令路由到模型和视图。将控制器作为模型和视图之间的接口，用于处理所有业务逻辑和传入的请求，使用模型操作数据并与视图进行交互，从而呈现最终输出。例如，客户控制器处理来自客户视图的所有交互和输入，并且使用客户模型更新数据库。使用相同的控制器查看客户数据。

MVC 架构的 3 部分之间的主要交互流程如图 6-4 所示。

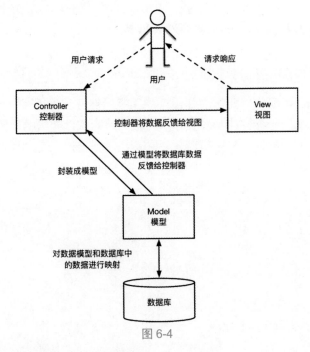

图 6-4

（1）用户向控制器发送用户请求。

（2）控制器将与数据库交互的部分封装成模型。

（3）模型对数据模型和数据库中的数据进行映射。

（4）控制器将数据反馈给视图。

（5）视图将请求发送给用户。

6.2.2　Go 语言实战

1. MVC 架构的实现方式

MVC 架构可以通过多种方式实现。MVC 架构是一种通用的软件架构，无须遵循特定的规则。因此，两个使用 MVC 架构的开发者可能最终会得到不同的软件架构。

虽然 MVC 架构为开发者提供了如何将代码组织成类型或函数的指导，但它并不强制要求开发者将代码打包到 models、views 和 controllers 目录下。因此，以下两个示例都是 MVC 架构。

1）根据 MVC 架构的层打包代码。MVC 架构常用的打包结构如下：

```
app
├── models
│   ├── user.go
│   ├── course.go
├── controllers
│   ├── user.go
│   ├── course.go
├── views
│   ├── user.go
│   ├── course.go
│   ├── #...
```

在上面的示例中，开发者将代码组织到基于相应层的包中，也就是说，开发者分别将所有模型、视图、控制器打包在一起。

2）根据资源打包代码，打包结构如下：

```
app
├── user
│   ├── controller.go
│   ├── model.go
│   ├── store.go
│   ├── view.go
├── course
│   ├── controller.go
```

```
|   ├── model.go
|   ├── store.go
|   ├── view.go
|   ├── #...
```

在上面的示例中，开发者基于资源打包代码，然后在每个包中建立相应的模型、视图和控制器。这对 MVC 应用程序来说不太常见，但这仍然可以被认为是 MVC 架构。

> **● 注意：**
>
> 在第 2 个示例中，model.go 和 store.go 都是 MVC 架构的模型部分。

2．MVC 架构的注意事项

1）包名不一定是模型、视图或控制器

在将 MVC 架构与 Go 语言一起使用时，并非所有东西都必须是模型、视图或控制器。合理的分类有助于最大限度地减少开发者的决策，但是应用程序的许多部分不会属于这些类别中的任何一个。

MVC 架构是一个非常有用的学习工具，但开发者可能需要导入一些其他包。一个例子是 middleware 中间件与处理 HTTP 请求有关，但并不适合使用 controllers 包，在这种情况下，可以在 MVC 架构中创建一些额外的包。

2）不要将应用程序分解成太多个包

在使用 MVC 架构时，应该避免无缘无故地将应用程序分解成太多个包。一些开发者可能会尝试使用以下方式实现 MVC 架构。

```
app
├── models
|   ├── lesson
|   |   ├── models.go
|   |   ├── store.go
|   |   └── #...
|   ├── course
|   |   ├── models.go
|   |   ├── store.go
|   |   └── #...
```

以上结构的问题在于模型通常是关系型的，也就是说，course 包中的代码可能与 lesson 包中的代码有重复的部分，因此，如果开发者要编写返回包含 course 包和

lesson 包的查询，则可能需要单独增加一个名为 courseLesson 的循环依赖。

MVC 应用程序中常用的包分解方式如下：

```
app
├── models
│   ├── user.go #拥有所有的数据库逻辑，包括用户的模型定义和对数据库的操作
│   ├── course.go
├── controllers
│   ├── user.go
│   ├── course.go
├── views
│   ├── template.go #用于解析 HTML 模板
│   ├── show_user.html
│   ├── new_user.html
│   ├── # ...
```

需要注意的是，开发者实际上不一定需要将这些文件夹命名为 models、controllers 和 views。如果包的命名能以任何方式使开发者的开发更容易，那么开发者可以用更具体的方式对包进行命名。例如，如果开发者的模型都存储于 MySQL 数据库中，控制器主要用于处理 HTTP 请求，视图主要用于呈现 HTML 页面，那么最终可能会得到以下包。

```
app
├── mysql #代替 models
├── http #代替 controllers
├── html #代替 views
```

与传统的 MVC 打包方式相比，以上打包方式更加清楚。可以用 mysql.User 表示 MySQL 数据库中的用户，用 http.UserHandler 表示与用户有关的 HTTP 请求的处理程序。但这并不意味着开发者必须这样做。开发者通过大量的实践表明，按照 models、controllers 和 views 命名更加通用，如果有更详细的子包，则可以在对应的包中进行进一步的细分。例如，如果开发者的应用程序存储量很小，模型之一是存储于磁盘中的文件（如图像文件），并且需要将磁盘中的文件名称存储于 MySQL 数据库中，则可以使用 models 包存储磁盘中的文件和文件名称。

开发者也可以将磁盘中的文件和文件名称分成单独的包，一个是 mysql 包，另一个是 localDisk（自定义名称，也可以使用其他名称）包。具体的打包方式取决于应用程序的大小和复杂性，示例如下：

```
app
├── models
│   ├── mysql
```

```
|  |      ├── models.go
|  |      ├── store.go
|  ├── localDisk
|  |      ├── models.go
|  |      ├── #...
```

    MVC 包的命名没有统一的规则，有时包名与软件开发或代码完全无关，可能与架构师的习惯有关。例如，在 Web 应用程序开发中，笔者更喜欢保留 models 包的名称，使其他开发者更容易阅读和理解。

3. Go 语言 MVC 架构的具体实现

1）创建模型包 models 及其代码

    模型包 models 中应该包含大部分与数据存储有关的代码。为简单起见，下面以 MySQL 数据库为例进行讲解。模型包 models 中包含特定数据库的模型、验证、规范化等。需要注意的是，模型包 models 中通常不应该再导入其他自定义的包。如果开发者可以从应用程序中直接将模型包 models 导出，并且在另一个应用程序（如命令行）中使用它，而不更改该包中的任何代码，则表示该包的效果比较好。从以上角度来看，所有模型代码最终都会被隔离，并且仅限于与数据库实体交互。

    模型包 models 的示例代码如下：

```go
package models

import (
    "database/sql"
    "fmt"
    _ "github.com/go-sql-driver/mysql"
)

var db *sql.DB

//用户模型
type User struct {
    Id    int
    Name  string
    Phone string
}

//定义一个全局变量
var u User
```

```go
//初始化数据库连接
func init() {
    db, _ = sql.Open("mysql",
        "root:a123456@tcp(127.0.0.1:3306)/goDesignPattern")
}

//获取用户信息
func GetUserInfo(id int) *User {
    var param int
    if id > 0 {
        param = id
    } else {
        param = 1
    }
    //非常重要：确保在 QueryRow 后调用 Scan() 方法，否则持有的数据库链接不会被释放
    err := db.QueryRow("select id,name,phone from `user` where
id=?", param).Scan(&u.Id, &u.Name, &u.Phone)
    if err != nil {
        fmt.Printf("scan failed, err:%v\n", err)
        return nil
    }
    return &u
}
```

2）创建视图包 views 及其代码

视图依赖于传入的一组特定数据正确呈现。在这种情况下，视图的代码应该在视图包 views（或嵌套包 views）中定义。

与模型包 models 和控制器包 controllers 相比，视图包 views 通常是代码最少的包，因为视图包 views 通常是 HTML 文档或 JSON 文档。在 Go 语言中，对 HTML 文档的处理需要使用 html/template 包，对 JSON 文档的处理需要使用 encoding/json 包。

视图包 views 的示例代码如下：

```html
<html>
<head>
    <title>{{.Name}}-mvc</title>
</head>

<body>
<h2>Hello,{{.Name}}, This is a mvc userInfo:</h2>
<p>{{.Name}}</p>
<p>{{.Phone}}</p>
```

```
</body>
</html>
```

如果是 404，则访问如下视图代码：

```
<!DOCTYPE html>
<html lang="en">
<head>
    <meta charset="UTF-8">
    <title>not found</title>
</head>
<body>
404 Not Found
</body>
</html>
```

3）创建控制器包 controllers 及其代码

在模型包 models 和视图包 views 创建完成后，创建控制器包 controllers 会十分简单，首先创建处理器，用于解析传入的参数，然后调用模型包 models 提供的方法，最终通过视图包 views 呈现结果（在某些情况下，会将用户重定向到适当的页面）。

控制器包 controllers 的示例代码如下：

```
package controllers

import (
    "fmt"
    "github.com/shirdonl/goDesignPattern/chapter6/mvc/app/models"
    "html/template"
    "net/http"
    "os"
    "strconv"
)

//定义控制器函数
func Index(w http.ResponseWriter, r *http.Request) {
    param := r.URL.Query().Get("id")
    id, err := strconv.Atoi(param)
    userInfo := models.GetUserInfo(id)

    type PageData struct {
        Name  string
        Phone string
    }
```

```
    pageData := PageData{
        Name:  userInfo.Name,
        Phone: userInfo.Phone,
    }

    fmt.Fprintf(os.Stdout, "[+] from %s Method is %s.\n", r.URL.Path,
r.Method)
    //指定模板
    tpl, err := template.ParseFiles("views/html/index/index.html")
    if err != nil {
        fmt.Fprintf(w, fmt.Sprintf("%s", err))
    }
    //解析模板
    tpl.Execute(w, pageData)
}
```

控制器包 controllers 能以 HTML、JSON 和 XML 等格式呈现数据，因此可以增加一个参数，用于控制从控制器包 controllers 中的每个处理程序返回的自定义类型。这样，即使开发者以后需要改变这个自定义类型，重构也不会太难，只需传入不同的参数。

本节完整代码见本书资源目录 chapter6/mvc。

6.2.3　优缺点分析

1. MVC 架构的优点

- MVC 架构降低了代码的耦合度。通过将模型层、视图层和控制器层分开，更改其中一层的代码不会影响另外两层，从而降低代码的耦合度。因此，要改变一个应用程序的业务流程或业务规则，只需修改 MVC 的模型层。因为模型与控制器、视图互相分离，所以很容易改变应用程序的数据层和业务规则。
- MVC 架构提高了代码重用性。MVC 架构允许开发者使用各种不同样式的视图访问同一个服务器端的代码，因为多个视图可以共享一个模型。同样，模型返回的数据能被不同的控制器使用。
- MVC 架构降低了软件维护成本。MVC 架构使开发和维护代码的技术含量降低，将视图层和业务逻辑层分离，使 Web 应用程序更易于维护和修改。
- MVC 架构部署更快。使用 MVC 架构可以使开发时间大幅缩短，使后端开发者可以将精力集中于业务逻辑，使前端开发者可以将精力集中于表现形式。

- MVC 架构有利于进行代码工程化管理。由于不同的层各司其职，因此每层不同的应用都具有某些相同的特征，有利于工程化、工具化管理代码。

2. MVC 架构的缺点

- 因为没有明确的边界定义，所以更难理解。对初学者来说，完全理解 MVC 架构并不是很容易。因为 MVC 架构的内部原理比较复杂，所以使用 MVC 架构需要进行精心的设计。由于模型和视图要严格分离，因此给调试应用程序带来了一定的困难。每个构件在使用前都需要经过彻底的测试。
- 不适合小规模、中等规模的开发。因为开发者需要花费大量的时间理解 MVC 架构的设计理念，所以将 MVC 架构应用到规模不大的应用程序通常会得不偿失。
- 提高系统结构和实现的复杂性。对于本来就很简单的界面，如果使用 MVC 架构，使模型、视图与控制器分离，则会提高结构的复杂性，并且可能产生过多的更新操作，降低运行效率。
- 视图与控制器之间的连接过于紧密。虽然视图与控制器在设计上是相互分离的，但在逻辑上是紧密联系的。如果没有控制器，那么视图形同虚设，反之亦然，导致视图和控制器的代码不能独立重用。
- 降低视图对模型数据的访问效率。根据模型操作的不同接口，视图可能需要多次调用，才能获得足够的显示数据。对未变化的数据进行不必要的频繁访问，会降低操作性能。

6.3　RPC 架构

6.3.1　RPC 架构简介

　　RPC（Remote Procedure Call，远程过程调用）是一种用于构建基于客户端-服务器端（Client-Server，CS）的分布式应用程序的技术。RPC 基于对传统本地过程调用的扩展，其被调用进程不必与调用进程存在于同一个地址空间中。这两个进程可能在同一个系统上，也可能在不同的系统上，它们通过网络进行连接。

RPC 非常适合进行客户端–服务器端交互，其中，控制流在调用者和被调用者之间交替。从概念上讲，客户端和服务器端不会同时执行线程。客户端或服务器端执行的线程从调用者跳转到被调用者，然后返回执行的结果。

RPC 架构主要分为 3 部分，如图 6-5 所示。

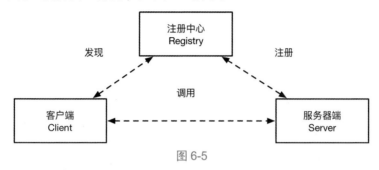

图 6-5

- 服务器端（Server）：提供服务接口定义与服务实现类。
- 注册中心（Registry）：运行在服务器端，负责将本地服务发布为远程服务，管理远程服务，以供服务消费者使用。
- 客户端（Client）：通过远程代理对象调用远程服务。

在图 6-5 中，服务器端在启动后，会主动向注册中心注册机器 IP 地址、端口及提供的服务列表；客户端在启动后，会从注册中心获取服务器端提供的地址列表。目前，使用 RPC 架构的开源框架非常多。

- 应用级服务框架：阿里的 Dubbo/Dubbox、Google GRPC、Spring Boot/Spring Cloud。
- 与远程通信有关的协议：RMI、Socket、SOAP（HTTP XML）、REST（HTTP JSON）。
- 与通信有关的框架：Mina 和 Netty。

6.3.2　Go 语言实战

本实战是 Go 语言 net/rpc 包的实战。net/rpc 包提供了通过网络或其他 I/O 连接对一个对象的导出方法的访问方法。服务器端注册一个对象，使其作为一个服务被暴露，服务的名字是该对象的类型名。在注册对象后，对象的导出方法就可以被远程访问了。

1. 创建第 1 个 RPC 架构

本实战的 RPC 架构目录如下：

```
├── client              #RPC 客户端
│   └── client.go
├── common              #共享功能
│   └── common.go       #实现实际处理程序，用于在服务器中执行
│
├── main.go             #命令行界面
└── server              #RPC 服务器端——提供接口，允许客户端与其通信
    └── server.go
```

在入口文件 main.go 中，使用命令行执行服务器端或客户端代码，并且所有其余功能都是独立实现的，使项目更加简单明了。

创建一个客户端和一个服务器端，使用处理器方法 Handler.Execute()进行通信，并且该方法的参数为 Name=Shirdon，如图 6-6 所示。

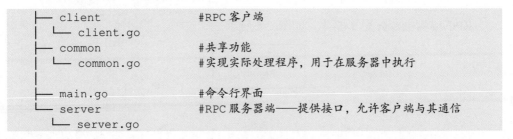

图 6-6

2. 创建 Go RPC 服务器端和客户端

（1）创建服务器端。

服务器端会实现一个暴露的 RPC 服务器，可以通过 HTTP、TCP 或 JSON RPC 访问该服务器。如果 Start()方法的所有必要配置都已设置完毕，则可以初始化 RPC 服务器。然后，Start()方法会将公共处理器 common.Handler 发布到默认的 RPC 服务器中，从而将 common.Handler 注册到 RPC 服务器中，服务器端可以通过公共处理器 common.Handler 调用客户端。

服务器端的代码如下：

```go
package server

import (
    "errors"
    "net"
```

```go
    "net/http"
    "net/rpc"
    "net/rpc/jsonrpc"
    "strconv"
    "time"

    "github.com/shirdonl/goDesignPattern/chapter6/rpc/common"
)

//一个RPC服务器，持有用于启动的配置
type Server struct {
    Port     uint
    UseHttp  bool
    UseJson  bool
    Sleep    time.Duration
    listener net.Listener
}

//优雅地终止服务器监听器
func (s *Server) Close() (err error) {
    if s.listener != nil {
        err = s.listener.Close()
    }

    return
}

//初始化RPC服务器
func (s *Server) Start() (err error) {
    if s.Port <= 0 {
        err = errors.New("port must be specified")
        return
    }

    rpc.Register(&common.Handler{
        Sleep: s.Sleep,
    })

    s.listener, err = net.Listen("tcp", ":"+strconv.Itoa(int(s.Port)))
    if err != nil {
        return
    }

    if s.UseHttp {
        rpc.HandleHTTP()
        http.Serve(s.listener, nil)
```

```
  } else if s.UseJson {
    var conn net.Conn

    for {
        conn, err = s.listener.Accept()
        if err != nil {
            return
        }

        jsonrpc.ServeConn(conn)
    }

  } else {
    rpc.Accept(s.listener)
  }

  return
}
```

（2）创建核心处理公共包 common。

公共包 common 实现了客户端和服务器端的共享功能，客户端和服务器端都可以使用该包。通过导出所有消息（请求和响应），可以非常容易地在客户端与服务器端之间切换通信，代码如下：

```
package common

import (
    "errors"
    "time"
)

//响应
type Response struct {
    Message string
    Ok      bool
}

//请求
type Request struct {
    Name string
}

//HandlerName 是提供者的唯一名称
const HandlerName = "Handler.Execute"
```

```go
//处理器类
type Handler struct {
    //Sleep 主要用于模拟一个耗时的方法执行操作
    Sleep time.Duration
}

//Execute()方法是 RPC 客户端可以调用的方法, 通过使用 HandlerName 调用 RPC 服务器
//如果没有错误, 那么它会接受一个请求并产生一个响应
//如果 Sleep 不为 0, 那么服务器端和客户端处于休眠状态
func (h *Handler) Execute(req Request, res *Response) (err error) {
    if req.Name == "" {
        err = errors.New("A name must be specified")
        return
    }

    if h.Sleep != 0 {
        time.Sleep(h.Sleep)
    }

    res.Ok = true
    res.Message = "Hello " + req.Name

    return
}
```

（3）创建客户端，设置配置选项，并且与 RPC 服务器进行通信，代码如下：

```go
//client 包实现了一个可以连接的 RPC 客户端
package client

import (
    "context"
    "errors"
    "github.com/shirdonl/goDesignPattern/chapter6/rpc/common"
    "net/rpc"
    "net/rpc/jsonrpc"
    "strconv"
)

//Client 中包含以下配置选项，可以与 RPC 服务器进行通信
type Client struct {
    Port    uint
    UseHttp bool
    UseJson bool
    client  *rpc.Client
}
```

```
//初始化底层 RPC 客户端
//负责获取编解码器并编写 RPC 服务器
func (c *Client) Init() (err error) {
    if c.Port == 0 {
        err = errors.New("client: port must be specified")
        return
    }

    addr := "127.0.0.1:" + strconv.Itoa(int(c.Port))

    if c.UseHttp {
        c.client, err = rpc.DialHTTP("tcp", addr)
    } else if c.UseJson {
        c.client, err = jsonrpc.Dial("tcp", addr)
    } else {
        c.client, err = rpc.Dial("tcp", addr)
    }
    if err != nil {
        return
    }

    return
}

//优雅地终止底层客户端
func (c *Client) Close() (err error) {
    if c.client != nil {
        err = c.client.Close()
        return
    }

    return
}

//使用 client.Call() 方法进行 RPC 调用
func (c *Client) Execute(ctx context.Context, name string) (msg
string, err error) {
    var (
        request  = &common.Request{Name: name}
        response = new(common.Response)
    )

    err = c.client.Call(common.HandlerName, request, response)
    if err != nil {
        return
```

```
    }

    msg = response.Message
    return

}
```

（4）创建一个根据命令行运行服务器端和客户端的 main()函数，代码如下：

```
package main

import (
    "context"
    "flag"
    cli "github.com/shirdonl/goDesignPattern/chapter6/rpc/client"
    serv "github.com/shirdonl/goDesignPattern/chapter6/rpc/server"
    "log"
    "os"
    "os/signal"
    "syscall"
)

var (
    port = flag.Uint("port", 1337, "port to listen or connect to
for rpc calls")
    isServer = flag.Bool("server", false, "activates server mode")
    json = flag.Bool("json", false, "whether it should use json-rpc")
    serverSleep = flag.Duration("server.sleep", 0, "time for the server
to sleep on requests")
    http = flag.Bool("http", false, "whether it should use HTTP")
)

//handleSignals()是一个等待终止或中断的阻塞函数
func handleSignals() {
    signals := make(chan os.Signal, 1)

    signal.Notify(signals, syscall.SIGINT, syscall.SIGTERM)
    <-signals
    log.Println("signal received")
}

//must()函数会在错误的情况下进行记录
func must(err error) {
    if err == nil {
        return
    }
```

```
    log.Panicln(err)
}

//启动 RPC 服务器，进行 RPC 服务器监听
func runServer() {
    server := &serv.Server{
        UseHttp: *http,
        UseJson: *json,
        Sleep:   *serverSleep,
        Port:    *port,
    }
    defer server.Close()

    go func() {
        handleSignals()
        server.Close()
        os.Exit(0)
    }()

    must(server.Start())
    return
}

//解析命令行标志，然后启动客户端，执行 RPC 调用
func runClient() {
    client := &cli.Client{
        UseHttp: *http,
        UseJson: *json,
        Port:    *port,
    }
    defer client.Close()

    must(client.Init())
    var con context.Context

    response, err := client.Execute(con, "Shirdon")
    must(err)

    log.Println(response)
}

func main() {
    flag.Parse()

    if *isServer {
```

```
      log.Println("starting server")
      log.Printf("will listen on port %d\n", *port)

      runServer()
      return
   }

   log.Println("starting client")
   log.Printf("will connect to port %d\n", *port)

   runClient()
   return
}
```

运行以下命令，启动 RPC 服务器端。

```
$ go run main.go -port 8081 -server true
2022/04/16 09:58:47 starting server
2022/04/16 09:58:47 will listen on port 8081
```

运行以下命令，启动 RPC 客户端。

```
$ go run main.go -port 8081
2022/04/16 10:00:00 starting client
2022/04/16 10:00:00 will connect to port 8081
2022/04/16 10:00:00 Hello Shirdon
```

本节完整代码见本书资源目录 chapter6/rpc。

6.3.3　优缺点分析

1. RPC 架构的优点

- 开发者可以获得唯一的传输地址（机器上的套接字）。服务器可以绑定到任意一个端口并将该端口注册到其 RPC 服务器。客户端会联系这个 RPC 服务器并请求与其需要的程序相对应的端口号。
- 在 RPC 架构中，客户端的应用程序只需知道一个传输地址：RPC 服务器进程的传输地址。客户端无须知道所需联系的每个服务器端进程的端口号。
- 可以使用函数调用接口代替套接字提供的发送/接收（读/写）接口。
- RPC 架构提升了系统的可扩展性、可维护性和持续交付能力。
- RPC 架构可以帮助客户端通过传统的高级编程语言中的过程调用与服务器端进行通信。

- 可以在分布式环境中使用，也可以在本地环境中使用。

2. RPC 架构的缺点

- 客户端和服务器端各自使用不同的执行环境，资源（如文件）的使用也更加复杂。因此，RPC 架构不太适合传输大量数据。
- RPC 架构极易发生故障，因为它涉及通信系统、另一台机器和另一个进程。
- RPC 架构没有统一的标准，它可以通过多种方式实现。
- RPC 架构是基于交互的，因此，它在硬件架构方面不具有灵活性。
- 调用远程方法对初学者来说难度较高。

6.4　三层架构

6.4.1　三层架构简介

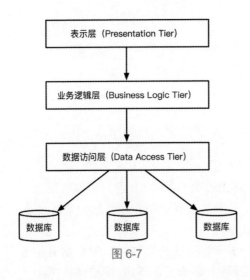

图 6-7

三层架构（Three-Tier Architecture）是一种成熟的软件架构，它将应用程序组织成 3 个架构层级，分别为表示层（Presentation Tier）、业务逻辑层（Business Logic Tier）、数据访问层（Data Access Tier），通过这 3 个架构层级存储和管理与应用程序相关联的数据。

在使用三层架构时，因为每层都在自己的基础设施上运行，所以每层都可以由单独的开发团队开发，并且可以根据需要进行更新或扩展，而不会影响其他层。三层架构的编程模型如图 6-7 所示。

在这 3 个架构层级中，系统的主要功能和业务逻辑都在业务逻辑层上实现。

1.表示层

表示层是应用程序的用户界面和通信层,可以使用户与应用程序进行交互,主要用于向用户显示信息并收集用户信息。表示层可以在 Web 浏览器上运行,用作桌面应用程序或图形用户界面(GUI)。Web 表示层通常使用 HTML、CSS 和 JavaScript 开发,使用哪种编程语言取决于开发平台,桌面应用程序可以用多种语言编写。

2.业务逻辑层

业务逻辑层主要用于对具体问题进行逻辑判断与执行操作,在接收到表示层的用户指令后,会连接数据访问层。业务逻辑层是应用程序的核心,在该层中,在表示层中收集的信息会被处理,并且可以添加、删除或修改数据访问层中的数据。

业务逻辑层通常使用 Go、Python、Java、Perl、PHP、Ruby 等语言开发,并且通过 API 调用与数据访问层通信。

3.数据访问层

数据访问层是数据库的主要操控系统层,主要用于对数据进行添加、删除、修改、查询等操作,并且将操作结果反馈到业务逻辑层。数据访问层是存储和管理应用程序处理的信息的地方,可以是关系型数据库,如 PostgreSQL、MySQL、MariaDB、Oracle、DB2、Informix 和 Microsoft SQL Server,也可以是 NoSQL 数据库,如 Redis、Cassandra、CouchDB 和 MongoDB。在实际运行过程中,数据访问层没有逻辑判断能力,为了保证代码编写的严谨性,提高代码的可读性,软件开发者通常会在该层编写 SQL 语句,用于保证数据访问层的数据处理功能。

6.4.2　Go 语言实战

使用 Go 语言编写 Web 服务器非常简单。如果代码必须是可测试的、结构化的、干净的和可维护的,则会更具有挑战性。本实战会编写一个简单的 Web 服务器,用于存储和检索 MySQL 数据库中的数据。

在软件开发过程中,如果一段代码的一个功能不止要做一件事,那么在这个应用程序增长时,可能会变得难以管理和测试。没有数据库,就无法测试处理程序。如果数据访问层没有被注入,则很难在处理程序中模拟数据库的访问。

在理想情况下，处理程序不应依赖于底层数据存储。解决这个问题的一个好方法是采用 *N* 层架构，每层只需做一件事。

本实战的三层架构如下：

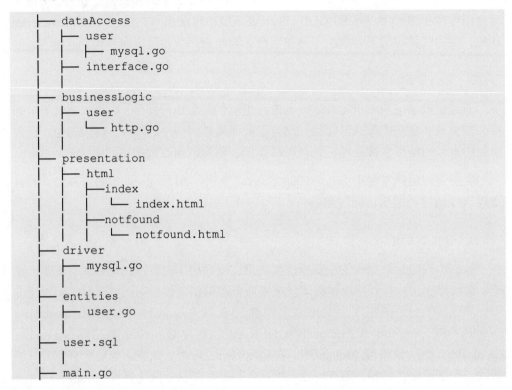

```
├── dataAccess
│   ├── user
│   │   ├── mysql.go
│   ├── interface.go
│   │
├── businessLogic
│   ├── user
│   │   └── http.go
│   │
├── presentation
│   ├── html
│   │   ├── index
│   │   │   └── index.html
│   │   ├── notfound
│   │   │   └── notfound.html
├── driver
│   ├── mysql.go
│   │
├── entities
│   ├── user.go
│   │
├── user.sql
│   │
├── main.go
```

1. 搭建三层架构的基础部分

为了更好地进行架构分层，单独创建一个实体包 entities 和驱动程序包 driver。实体包 entities 主要用于维护应用程序中每个实体的结构。驱动程序包 driver 具有连接数据库的功能。为了方便读者实战，创建名为 user.sql 的文件，用于存储 SQL 语句。

（1）编写 SQL 语句，插入数据库，代码如下：

```
SET NAMES utf8mb4;
SET FOREIGN_KEY_CHECKS = 0;


-- ----------------------------
-- Table structure for users
-- ----------------------------
```

```
DROP TABLE IF EXISTS `users`;
CREATE TABLE `users` (
  `id` int(11) NOT NULL AUTO_INCREMENT,
  `name` varchar(50) DEFAULT NULL,
  `age` int(10) DEFAULT NULL,
  PRIMARY KEY (`id`)
) ENGINE=InnoDB AUTO_INCREMENT=3 DEFAULT CHARSET=utf8;

-- ---------------------------
-- Records of users
-- ---------------------------
BEGIN;
INSERT INTO `users` VALUES (1, 'Barry', 18);
INSERT INTO `users` VALUES (2, 'Eric', 20);
COMMIT;

SET FOREIGN_KEY_CHECKS = 1;
```

（2）创建实体包 entities，代码如下：

```
package entities

//用户实体
type User struct {
    ID   int
    Name string
    Age  int
}
```

（3）创建驱动程序包 driver，代码如下：

```
package driver

import (
    "database/sql"
    "fmt"

    _ "github.com/go-sql-driver/mysql"
)

//MySQL 配置
type MySQLConfig struct {
    Host     string
    User     string
    Password string
    Port     string
    Db       string
```

```
}

//接受 MySQL 配置，形成连接字符串并连接 MySQL 数据库
func ConnectToMySQL(conf MySQLConfig) (*sql.DB, error) {
    connectionString := fmt.Sprintf("%v:%v@tcp(%v:%v)/%v", conf.User,
conf.Password, conf.Host, conf.Port, conf.Db)

    db, err := sql.Open("mysql", connectionString)
    if err != nil {
        return nil, err
    }

    return db, nil
}
```

2. 创建表示层

表示层主要用于接收请求并解析请求中所需的信息；以及调用业务逻辑层，确保响应是所需格式并将其写入响应编写器。

表示层的目录结构如下：

```
├── presentation
│   ├── html
│   │   ├──index
│   │   │   └── index.html
│   │   ├──notfound
│   │   │   └── notfound.html
```

（1）创建 index.html 文件，代码如下：

```
<html>
<head>
    <title>{{.Name}}-threeTier</title>
</head>

<body>
<h2>Hello,{{.Name}}, This is a threeTier user info:</h2>
<p>{{.Name}}</p>
<p>{{.Age}}</p>
</body>
</html>
```

（2）创建 notfound.html 文件，代码如下：

```
<!DOCTYPE html>
<html lang="en">
```

```
<head>
    <meta charset="UTF-8">
    <title>not found</title>
</head>
<body>
404 Not Found
</body>
</html>
```

3. 创建数据访问层

数据访问层主要用于存储数据。业务逻辑层是唯一与数据访问层通信的层。三层架构中的每层都可以独立测试，而不依赖于另一层。因此，如果后期应用程序增长到支持 gRPC（一个远程过程调用系统），则只有表示层会发生变化，数据访问层和业务逻辑层保持不变。即使数据存储发生变化，整个应用程序也无须更改，只有数据访问层会发生改变。这样，很容易隔离错误、维护代码和扩展应用程序。

> **· 注意:**
>
> 　如果我们没有任何业务逻辑，则可以跳过业务逻辑层，只有表示层和数据访问层。

在本实战中，数据访问层会使用 MySQL 数据库存储和检索与 User 有关的数据。

（1）创建数据访问层接口，代码如下：

```
package dataAccess

import "github.com/shirdonl/goDesignPattern/chapter6/threeTier/entities"

type User interface {
    Get(id int) (entities.User, error)
    Create(entities.User) (entities.User, error)
}
```

（2）创建数据访问层用户存储对象，用于在数据库中创建或查询用户数据，代码如下：

```
package user

import (
    "database/sql"
    "github.com/shirdonl/goDesignPattern/chapter6/threeTier/entities"
)

//用户存储
```

```go
type UserStore struct {
    db *sql.DB
}

//创建用户存储对象
func New(db *sql.DB) UserStore {
    return UserStore{db: db}
}

//根据 id 从数据库中获取用户数据
func (a UserStore) Get(id int) ([]entities.User, error) {
    var (
        rows *sql.Rows
        err  error
    )

    if id != 0 {
        rows, err = a.db.Query("SELECT * FROM users where id = ?", id)
    } else {
        rows, err = a.db.Query("SELECT * FROM users")
    }

    if err != nil {
        return nil, err
    }

    defer rows.Close()

    var users []entities.User

    for rows.Next() {
        var a entities.User
        _ = rows.Scan(&a.ID, &a.Name, &a.Age)
        users = append(users, a)
    }
    return users, nil
}

//根据用户对象将数据插入数据库
func (a UserStore) Create(user entities.User) (entities.User, error) {
    res, err := a.db.Exec("INSERT INTO users (name,age) VALUES(?,?)",
user.Name, user.Age)
    if err != nil {
        return entities.User{}, err
    }
```

```
    id, _ := res.LastInsertId()
    user.ID = int(id)

    return user, nil
}
```

4．创建业务逻辑层

业务逻辑层主要用于执行应用程序所需的业务逻辑。业务逻辑层会与数据访问层通信。业务逻辑层可以从表示层中获取所需的信息，然后调用数据访问层，在调用数据访问层之前和之后，它会应用所需的业务逻辑。

在本实战中，业务逻辑层会接收 HTTP 请求，并且验证 GET 请求的过滤器及 POST 请求中的请求正文。业务逻辑层需要访问数据访问层，因为业务逻辑层需要与数据访问层通信，以便存储和检索数据。

创建业务逻辑层，代码如下：

```
package user

import (
    "encoding/json"
    "fmt"
    "github.com/shirdonl/goDesignPattern/chapter6/threeTier/dataAccess/
user"
    "github.com/shirdonl/goDesignPattern/chapter6/threeTier/entities"
    "html/template"
    "io/ioutil"
    "net/http"
    "strconv"
)

//用户处理器
type UserHandler struct {
    dataAccess user.UserStore
}

//创建用户处理器对象
func New(user user.UserStore) UserHandler {
    return UserHandler{dataAccess: user}
}

//处理 HTTP 请求，根据不同的请求类型调用不同的处理器函数
func (u UserHandler) Handler(w http.ResponseWriter, r *http.Request) {
    switch r.Method {
```

```
    case http.MethodGet:
        u.get(w, r)
    case http.MethodPost:
        u.create(w, r)
    default:
        w.WriteHeader(http.StatusMethodNotAllowed)
    }
}

//根据 id 获取用户信息
func (u UserHandler) get(w http.ResponseWriter, r *http.Request) {
    id := r.URL.Query().Get("id")

    i, err := strconv.Atoi(id)
    if err != nil {
        _, _ = w.Write([]byte("no or invalid parameter id"))
        w.WriteHeader(http.StatusBadRequest)

        return
    }

    resp, err := u.dataAccess.Get(i)
    if err != nil {
        _, _ = w.Write([]byte("could not find the user"))
        w.WriteHeader(http.StatusInternalServerError)

        return
    }

    type PageData struct {
        Name string
        Age  int
    }

    if len(resp) > 0 {
        pageData := PageData{
            Name: resp[0].Name,
            Age:  resp[0].Age,
        }
        //指定模板
        tpl, err := template.ParseFiles("presentation/html/index/
index.html")
        if err != nil {
            fmt.Fprintf(w, fmt.Sprintf("%s", err))
        }
        //解析模板
```

```
        tpl.Execute(w, pageData)
    }
    //返回 JSON 格式的数据
    body, _ := json.Marshal(resp)
    _, _ = w.Write(body)
}

func (u UserHandler) create(w http.ResponseWriter, r *http.Request) {
    var user entities.User

    body, _ := ioutil.ReadAll(r.Body)

    err := json.Unmarshal(body, &user)
    if err != nil {
        fmt.Println(err)
        _, _ = w.Write([]byte("invalid body"))
        w.WriteHeader(http.StatusBadRequest)

        return
    }

    resp, err := u.dataAccess.Create(user)
    if err != nil {
        _, _ = w.Write([]byte("could not create user"))
        w.WriteHeader(http.StatusInternalServerError)

        return
    }

    body, _ = json.Marshal(resp)
    _, _ = w.Write(body)
}
```

5. 创建服务器

创建服务器，服务器通过设置数据库的相关配置与数据库连接，然后将该数据库注入业务逻辑层，业务逻辑层会整合数据访问层和表示层，代码如下：

```
package main

import (
    "fmt"
    handlerUser "github.com/shirdonl/goDesignPattern/chapter6/threeTier/
businessLogic/user"
    "github.com/shirdonl/goDesignPattern/chapter6/threeTier/dataAccess/
user"
    "github.com/shirdonl/goDesignPattern/chapter6/threeTier/driver"
```

```
    "log"
    "net/http"
)

func main() {
    //设置配置文件
    conf := driver.MySQLConfig{
        Host:     "127.0.0.1",
        User:     "root",
        Password: "a123456",
        Port:     "3306",
        Db:       "chapter4",
    }
    var err error

    db, err := driver.ConnectToMySQL(conf)
    if err != nil {
        log.Println("could not connect to sql, err:", err)
        return
    }

    userStore := user.New(db)
    handler := handlerUser.New(userStore)

    http.HandleFunc("/user", handler.Handler)
    fmt.Println(http.ListenAndServe(":8099", nil))
}
```

在 main.go 文件所在的目录下打开命令行终端，输入以下命令，启动服务器。

```
$ go run main.go
```

在浏览器中输入 "http://127.0.0.1:8099/user?id=1"，输出结果如图 6-8 所示。

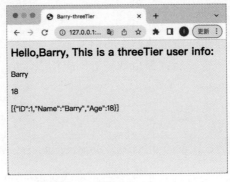

图 6-8

本节完整代码见本书资源目录 chapter6/threeTier。

6.4.3　优缺点分析

1.　三层架构的优点

- 有利于系统的分散开发，每层都可以由不同的人员开发，只要遵循接口标准，就可以利用相同的对象模型实体类，从而大幅提高系统的开发速度。
- 可以很容易地用新的实现替换原有层的实现，有利于标准化。
- 有利于各层逻辑的代码复用，降低层与层之间的依赖。
- 可以避免表示层直接访问数据访问层，表示层只与业务逻辑层有联系，从而提高数据安全性。
- 可以更方便地进行系统移植，如果要将一个 C/S 系统变成 B/S 系统，那么修改三层架构的表示层，几乎不用修改业务逻辑层和数据访问层，即可轻松地将系统移植到网络上。
- 项目结构更清楚，分工更明确，极大地降低了后期维护成本，缩短了维护时间。
- 使用三层架构，使代码维护更容易。当发生错误时，可以更容易地对其进行隔离和修复。
- 当应用程序增长，并且我们决定拥有另一个数据库时，假设我们要包含缓存，那么只有数据访问层会发生变化，不会触及表示层和业务逻辑层。
- 具有独立的层，因此编写单元测试更简单。

2.　三层架构的缺点

- 有时会导致级联修改，这种修改尤其体现在自上而下的方向。如果需要在表示层中添加一个功能，那么为了保证其设计满足分层架构的条件，可能需要在相应的业务逻辑层和数据访问层中添加相应的代码。
- 相对于不分层的编程方法，使用三层或多层架构的应用程序的运行效率低、代码量大、难度高。
- 降低了系统的性能。如果不采用分层架构，那么很多业务可以直接访问数据库，并且获取相应的数据，在采用分层架构后，必须通过中间层完成。

6.5　微服务架构

6.5.1　微服务架构简介

1. 什么是微服务架构

微服务架构（Microservice Architecture）是一种可以独立开发、部署和维护一系列服务的软件架构。在采用微服务架构后，应用程序会被开发为一系列服务。在微服务架构中，每个微服务都是独立的服务，主要用于容纳一种应用特性并处理离散的任务。每个微服务都可以通过简单的接口与其他服务通信，用于解决业务问题。

微服务架构由一组小型自治服务组成。每个服务都是自包含的，应该在有界上下文中实现单一的业务能力。有界上下文是业务中的自然划分，可以提供一个明确的边界，领域模型存储于其中。

微服务的主要特征如下。

- 微服务体积小、独立且松耦合，即使是小型开发团队，也可以编写和维护服务。
- 每个服务都是一个单独的代码库，可以由一个小型开发团队管理。
- 服务可以独立部署。开发团队无须重建和重新部署整个应用程序，即可更新现有服务。
- 服务负责存储自己的数据或外部状态，这与传统模型不同。在传统模型中，使用单独的数据层处理数据。
- 服务通过使用 API 进行通信。每个服务的内部实现细节对其他服务都是隐藏的。
- 支持多语言编程，如服务不需要共享相同的技术堆栈、库或框架。

在典型的微服务架构中，除了服务，还包含一些其他组件。

- 管理软件组件。管理软件组件主要负责在节点上放置服务、识别故障、跨节点重新平衡服务等。该组件通常是一种现成的技术，如 Kubernetes。
- API 网关。API 网关是客户端的入口。客户端不可以直接调用服务，它可以通过调用 API 网关调用后端的相应服务。

使用 API 网关的优点如下。

- API 网关可以将客户端与微服务端分离，无须更新所有客户端，即可对服务
  进行版本控制或重构。
- 服务可以使用对 Web 不友好的消息传递协议，如 AMQP。
- API 网关可以实现其他横切功能，如身份验证、日志记录、SSL 终止和负载
  平衡。
- 采用开箱即用的策略，如用于限制、缓存、转换或验证的策略。

典型的微服务架构如图 6-9 所示。所有微服务都通过与客户端（Client）通信的
API 网关（API Gateway）进行连接，每个微服务（Microservice）都可以独立地与数
据库进行交互。微服务架构有助于加快开发过程，由于每个服务都是次要的，因此
构建服务可以由小团队完成。使用微服务维护和测试代码也更容易。

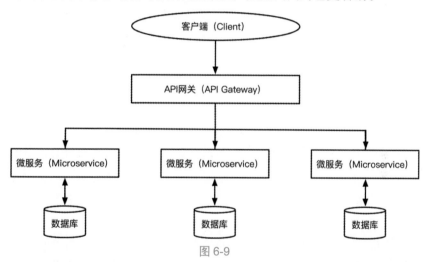

图 6-9

由于所有服务都是独立的，并且微服务提供了改进的故障隔离方法，因此，假
如单个服务发生故障，那么整个系统不一定会停止工作。

2. 微服务的优势

- 敏捷。由于微服务是独立部署的，因此更容易进行错误修复和功能发布。开
  发者可以在不重新部署整个应用程序的情况下更新服务，并且在出现问题时
  回滚更新。在很多传统的应用程序中，如果在应用程序的某个部分发现了一
  个 BUG，则会阻塞整个发布过程；如果要实现新功能，则可能会等待集成、
  测试和发布的错误修复。

- 小而专注的开发团队。微服务应该足够小，以便小型开发团队可以构建、测试和部署它。小型开发团队通常具有较高的敏捷性。大型开发团队通常效率较低，沟通速度较慢，管理开销较大，敏捷性较低。

- 小代码库。在单体应用程序中，随着时间的推移，代码依赖项会变得纠缠不清。添加新功能在很多地方会涉及代码。通过不共享代码或数据存储，微服务架构可以最大限度地减少依赖关系，从而更容易添加新功能。

- 混合技术。开发者可以选择最适合其服务的技术，并且酌情使用技术堆栈组合。

- 故障隔离。如果单个微服务不可用，那么只要上游微服务都可以正确处理故障（如通过实现断路），就不会中断整个应用程序。

- 可扩展性。服务可以独立扩展，开发者可以扩展需要更多资源的子系统，而无须扩展整个应用程序。开发者可以使用 Kubernetes、Service Fabric 等编排器，将更高密度的服务打包到单个主机上，从而更有效地利用资源。

- 数据隔离。模式更新要容易得多，因为只有一个微服务受影响。在单体应用程序中，模式更新可能非常具有挑战性，因为应用程序的不同部分可能涉及相同的数据，所以对模式的任何更改都存在风险。

3. 微服务的挑战

微服务有很多优势，但同时也有很多挑战。在构建微服务架构前，需要考虑的挑战如下。

- 复杂性。采用微服务架构的应用程序比相同规模的单体应用程序具有更多的移动部件。每个服务都更简单，但整个系统会更复杂。

- 开发和测试。编写依赖于其他服务的小型服务与编写传统的单体或分层应用程序需要使用不同的方法。有时开发者拥有的工具并不是用于处理服务依赖关系的工具。跨服务边界的重构可能会很困难。测试服务依赖项也具有挑战性，尤其在应用程序快速发展的情况下。

- 缺乏治理。构建微服务的去中心化方法具有优势，但也可能出现问题。开发者可能会使用不同的编程语言和框架，使应用程序变得难以维护。在不过度限制团队灵活性的情况下，制订一些项目范围的标准可能很有用，尤其适用于横切功能，如日志记录。

- 网络拥塞和延迟。使用许多小的、细粒度的服务会导致更多的服务间通信。此外，如果服务依赖链太长（服务 A 调用服务 B，服务 B 调用服务 C，以此

类推），则可能会导致额外的延迟。开发者在设计 API 时，要避免 API 过于
冗长，考虑序列化格式，并且寻找使用异步通信模式的地方。

- 数据一致性。每个微服务都可以保证自己数据的持久性。保证数据的一致性
可能是一个挑战，尽量保证数据的最终一致性。

- 管理。要在微服务方面取得成功，需要成熟的 DevOps 文化。跨服务的相关
日志记录可能具有挑战性。在通常情况下，日志记录必须关联单个用户操作
的多个服务调用。

- 版本控制。对服务的更新不可以破坏依赖它的服务。多个服务可以在任意指
定的时间更新，因此，如果没有仔细设计，那么开发者可能会遇到向后或向
前的兼容性问题。

- 团队对技能的要求更高。微服务是高度分布式的系统，因此，需要仔细评估
团队是否具备成熟的技能和丰富的经验。

6.5.2　Go 语言实战

在 Go 语言中，可以通过 gRPC、基于 HTTP 的 JSON 等多种方式实现微服务。
为了方便初学者，本实战使用目前常用的 Go kit。

1. Go kit 简介

Go kit 是一个使用 Go 语言构建微服务的编程工具包，主要用于解决分布式系
统和应用程序中的常见问题，并且允许开发者专注于编程的业务部分。Go kit 是一
组相互关联的包，它们一起构建了大型面向服务架构的框架。

Go kit 的主要传输层是 RPC，但它也可以使用基于 HTTP 的 JSON，并且很容
易与常见的基础设施组件集成，从而减少部署摩擦，并且促进与现有系统的互操
作性。

2. 业务逻辑

本实战会创建一个简单的 Go kit 微服务，业务逻辑是创建一个简易的字符串服
务，并且允许开发者操作字符串；创建服务接口，用于定义业务逻辑，使开发者可
以根据需要轻松实现交换字符串字母的功能。

```
package pkg
```

```go
import (
    "errors"
    "github.com/go-kit/kit/log"
    "strings"
)

//创建服务接口，定义对字符串的操作方法
type Service interface {
    UpperString(string) (string, error)
    Reverse(string) string
}

type StringService struct {
    log log.Logger
}

//创建字符串服务
func NewStringService(log log.Logger) *StringService {
    return &StringService{log}
}

//实现 UpperString()方法
func (svc *StringService) UpperString(s string) (string, error) {
    reverse := svc.Reverse(s)
    if strings.ToLower(s) == "" {
        return "", errors.New("empty string")
    }
    return strings.ToUpper(reverse), nil
}

//实现 Reverse()方法
func (svc *StringService) Reverse(s string) string {
    //转换为 rune
    rns := []rune(s)
    for i, j := 0, len(rns)-1; i < j; i, j = i+1, j-1 {
        //交换字符串中的字母
        rns[i], rns[j] = rns[j], rns[i]
    }

    //返回反转的字符串
    return strings.ToLower(string(rns))
}
```

3. 创建请求和响应

在 Go kit 中,消息传递的主要模式是 RPC,因此接口中的每个方法都应该与客户端-服务器端进行交互。在客户端创建请求程序,在服务器端创建服务。允许开发者指定每个方法的参数和返回类型。

(1)创建请求类,代码如下:

```
package pkg

//大写字符串请求类
type UpperStringRequest struct {
    Word string `json:"word"`
}

//递转字符串请求
type ReverseRequest struct {
    Word string `json:"word"`
}
```

(2)创建响应类,代码如下:

```
package pkg

//响应类
type UpperStringResponse struct {
    Message string `json:"message"`
}

//递转字符串响应
type ReverseResponse struct {
    Word string `json:"reversed_word"`
}
```

4. 创建端点

在 Go kit 中,端点(Endpoint)是 Go kit 提供的抽象概念,其工作方式类似于控制器中的操作或处理程序。端点是添加安全和安全逻辑的地方,每个端点都代表服务接口中的一个方法。创建端点,代码如下:

```
package pkg

import (
    "context"
    "errors"
```

```
    "fmt"
    "github.com/go-kit/kit/endpoint"
    "github.com/go-kit/kit/log"
)

//端点
type Endpoints struct {
    GetUpperStringindrome endpoint.Endpoint
    GetReverse            endpoint.Endpoint
}

//创建端点
func MakeEndpoints(svc Service, logger log.Logger,
    middlewares []endpoint.Middleware) Endpoints {
    return Endpoints{
        GetUpperStringindrome: wrapEndpoint(
            makeGetUpperStringindromeEndpoint(svc, logger), middlewares),
        GetReverse: wrapEndpoint(makeGetReverseEndpoint(svc,
            logger), middlewares),
    }
}

//创建获取大写字符串的端点
func makeGetUpperStringindromeEndpoint(svc Service,
    logger log.Logger) endpoint.Endpoint {
    return func(ctx context.Context,
        request interface{}) (interface{}, error) {
        req, ok := request.(UpperStringRequest)
        fmt.Println(req)
        if !ok {
            return nil, errors.New("invalid request")
        }
        str, _ := svc.UpperString(req.Word)
        fmt.Println(str)
        return &UpperStringResponse{
            Message: str,
        }, nil
    }
}

//创建获取逆转字符串的端点
func makeGetReverseEndpoint(svc Service,
    logger log.Logger) endpoint.Endpoint {
    return func(ctx context.Context,
        request interface{}) (interface{}, error) {
```

```
        req, ok := request.(ReverseRequest)
        if !ok {
            return nil, errors.New("invalid request")
        }
        str, _ := svc.UpperString(req.Word)
        return &ReverseResponse{
            Word: str,
        }, nil
    }
}

//打包处理端点
func wrapEndpoint(e endpoint.Endpoint,
    middlewares []endpoint.Middleware) endpoint.Endpoint {
    for _, m := range middlewares {
        e = m(e)
    }
    return e
}
```

Go kit 提供的用于确保安全性的结构之一是中间件。中间件是在请求到达其处理程序前在请求上执行的方法。开发者可以在中间件上添加日志记录、负载平衡、跟踪等功能。

5. 创建日志记录

在前面的代码片段中，开发者介绍了两个重要的 Go kit 组件，一个是端点包（endpoint），另一个是日志记录器（logger）。在实战开发中，做好日志记录非常关键，日志可以让开发者快速地发现错误发生在哪里。Go kit 具有自己的 logger 包，logger 包允许开发者编写结构化的消息，以便开发者或其他计算机使用。logger 包实现了一个键值结构，允许开发者将多条信息记录到一起，无须编写多个日志。我们还使用了日志级别的 Go kit 包，该包提供了额外的信息层。常用的日志类型包括错误、异常、调试、信息等。

6. 传输文件

传输文件主要用于表示开放式系统互联模型（Open System Interconnection Model, OSI）的匹配层。传输文件是包含负责端到端通信策略的每一段代码的文件。Go kit 支持许多开箱即用的传输。为简单起见，下面使用基于 HTTP 的 JSON 进行传输。

传输由一系列服务器对象组成，应用于服务的每个端点，传输接收 4 个参数，分别如下。

- 端点（Endpoint）：请求处理程序。鉴于结构和职责的分离，开发者可以在多个传输实现中使用相同的结构。
- 解码函数（Decode Function）：主要用于接收外部请求并将其转换为 Go 代码。
- 编码函数（Encode Function）：与解码函数相反，主要用于将 Go 响应转换为所选传输的相应输出。
- 服务器选项（Server Options）：一组选项，可以是凭据、编解码器、保持参数活动等，主要用于为传输层提供额外的功能。

传输文件的代码如下：

```go
package pkg

import (
    "context"
    "encoding/json"
    "errors"
    "github.com/go-kit/kit/endpoint"
    httptransport "github.com/go-kit/kit/transport/http"
    "net/http"
)

//创建大写字符串控制器
func GetUpperStringHandler(ep endpoint.Endpoint, options
[]httptransport.ServerOption) *httptransport.Server {
    return httptransport.NewServer(
        ep,
        decodeGetUpperStringRequest,
        encodeGetUpperStringResponse,
        options...,
    )
}

//解码请求
func decodeGetUpperStringRequest(_ context.Context, r *http.Request)
(interface{}, error) {
    var req UpperStringRequest
    if err := json.NewDecoder(r.Body).Decode(&req); err != nil {
        return nil, err
    }
    return req, nil
```

```go
}

//编码响应
func encodeGetUpperStringResponse(_ context.Context, w http.ResponseWriter,
response interface{}) error {
    resp, ok := response.(*UpperStringResponse)
    if !ok {
        return errors.New("error decoding")
    }
    return json.NewEncoder(w).Encode(resp)
}


//创建逆转控制器
func GetReverseHandler(ep endpoint.Endpoint, options
[]httptransport.ServerOption) *httptransport.Server {
    return httptransport.NewServer(
        ep,
        decodeGetReverseRequest,
        encodeGetReverseResponse,
        options...,
    )
}


//解码获取逆转字符串请求
func decodeGetReverseRequest(_ context.Context, r *http.Request)
(interface{}, error) {
    var req ReverseRequest
    if err := json.NewDecoder(r.Body).Decode(&req); err != nil {
        return nil, err
    }
    return req, nil
}


//编码获取逆转字符串响应
func encodeGetReverseResponse(_ context.Context, w http.ResponseWriter,
response interface{}) error {
    resp, ok := response.(*ReverseResponse)
    if !ok {
        return errors.New("error decoding")
    }

    return json.NewEncoder(w).Encode(resp)
}
```

7. 创建客户端并进行微服务调用

创建客户端，对前面的代码进行测试。在编写好微服务运行所需的代码后，创建客户端，开始监听请求，即可对微服务进行调用，代码如下：

```go
package main

import (
    "github.com/shirdonl/goDesignPattern/chapter6/microService/pkg"
    "github.com/go-kit/kit/endpoint"
    "github.com/go-kit/kit/log"
    "github.com/go-kit/kit/log/level"
    httptransport "github.com/go-kit/kit/transport/http"
    "github.com/gorilla/mux"
    "net/http"
    "os"
)

func main() {
    var logger log.Logger
    {
        logger = log.NewLogfmtLogger(os.Stderr)
        logger = log.With(logger, "ts", log.DefaultTimestampUTC)
        logger = log.With(logger, "caller", log.DefaultCaller)
    }

    //声明中间件
    var middlewares []endpoint.Middleware
    //声明服务器可选参数
    var options []httptransport.ServerOption
    //创建一个字符串服务对象
    svc := pkg.NewStringService(logger)
    //创建端点
    eps := pkg.MakeEndpoints(svc, logger, middlewares)
    //创建路由器
    r := mux.NewRouter()
    //指定控制器
    r.Methods(http.MethodGet).Path("/upperstring").
        Handler(pkg.GetUpperStringHandler(eps.GetUpperStringindrome,
options))
    r.Methods(http.MethodGet).Path("/reverse").
        Handler(pkg.GetReverseHandler(eps.GetReverse, options))
    level.Info(logger).Log("status", "listening", "port", "8082")
    svr := http.Server{
        Addr:   "127.0.0.1:8082",
```

```
            Handler: r,
    }
    level.Error(logger).Log(svr.ListenAndServe())
}
```

在上述代码中，使用 Go 语言的核心包 net/http 启动一个监听端口为 8082 的
HTTP 服务器，使用路由器包 github.com/gorilla/mux 处理 HTTP 方法，所有错误都
会被初始化的 Go kit 日志记录包 logger 捕获。

> **● 注意：**
>
> 　　为了让读者更容易理解，本实战创建了一个非常简单的服务，因此没有使用任何
> 中间件或服务器选项。

在代码所在目录下打开命令行终端，输入以下命令，用于启动服务。

```
$ go run main.go
level=info ts=2022-05-17T07:52:28.087802Z caller=main.go:37
status=listening port=8082
```

开始提出请求，代码如下：

```
$ curl -XGET '127.0.0.1:8082/upperstring' -d'{"word": "upperstring"}'
{"message":"upperstring well"}
{"message":"GNIRTSREPPU"}
```

本实战实现了一个微服务的简单应用程序。只需要几个文件和几行代码，开发
者就可以拥有一个工作的微服务应用程序。

本节完整代码见本书资源目录 chapter6/microService。

6.5.3　优缺点分析

1. 微服务架构的优点

- 服务可以独立部署。每个服务都是一个独立的项目，可以独立部署，不依赖
  于其他服务，耦合度低。
- 服务可以快速启动。在拆分之后，服务启动的速度要比拆分之前快很多，因
  为依赖的库少了，代码量也少了。
- 更加适合敏捷开发。敏捷开发以用户的需求进化为核心，采用迭代、循序渐
  进的方法进行。服务拆分可以快速发布新版本，要修改某个服务，只需发布

对应的服务，无须整体重新发布。

- 职责专一，由专门的团队负责专门的服务。当业务发展迅速时，研发人员会越来越多，每个团队都可以负责对应的业务线，服务的拆分有利于团队之间的分工。
- 服务可以按需动态扩容。当某个服务的访问量较大时，只需将这个服务扩容。
- 代码可以复用。每个服务都会提供 REST API，在通常情况下，基础服务会被抽离出来，并且通过公共接口提供给其他开发者，从而实现代码的复用。

2. 微服务架构的缺点

- 分布式部署，调用的复杂性高。在采用单体应用时，所有模块之前的调用都是在本地进行的，在微服务中，每个模块都是独立部署的，通过 HTTP 进行通信，在这个过程中，会产生很多问题，如网络问题、容错问题、调用关系等。
- 独立的数据库，分布式事务的挑战。每个微服务都有自己的数据库，用于进行去中心化的数据管理。这种模式的优点在于，不同的服务，可以选择适合自身业务的数据库，如订单服务可以用 MySQL、评论服务可以用 MongoDB、商品搜索服务可以用 Elasticsearch；缺点是事务问题，目前最理想的解决方案是保证柔性事务的最终一致性。
- 测试的难度提高。服务和服务之间通过接口进行交互，当接口发生改变时，会对所有的调用方产生影响，这时自动化测试就显得非常重要了，如果要人工逐个接口测试，那么工作量会非常大。需要注意的是，API 文档的管理尤为重要。
- 运维的难度提高。在采用传统的单体应用时，开发者可能只需要关注一个 Tomcat 集群和一个 MySQL 集群，但这在微服务架构中是行不通的。当业务增加时，服务也会越来越多，服务的部署、监控会变得非常复杂，这时会提高对运维的要求。

6.6 事件驱动架构

6.6.1 事件驱动架构简介

1. 什么是事件驱动架构

事件驱动架构（Event Driven Architecture，EDA）是一种用于设计应用程序的软件架构。对事件驱动架构而言，事件的捕获、通信、处理和持久保留是解决方案的核心结构，这和传统的请求驱动架构有很大不同。

许多现代应用程序设计都是由事件驱动的，如必须实时利用客户数据的客户互动框架。事件驱动应用可以使用任意一种编程语言创建，因为事件驱动本身是一种编程方法，而不是一种编程语言。事件驱动架构可以最大限度地降低耦合度，因此是现代化分布式软件架构的理想之选。

事件驱动架构采用松耦合方式，因为事件发起者并不知道哪个事件使用者在监听事件，而且事件也不知道其产生的后续结果。

2. 什么是事件

事件（Event）是指系统硬件或软件的状态出现的重大改变。事件与事件通知不同，后者是指系统发送的消息或通知，主要用于告知系统的其他部分有相应的事件发生。

事件的来源可能是内部，也可能是外部。事件可以来自用户（如单击鼠标）、外部源（如传感器输出）和系统（如加载程序）。

3. 事件驱动架构的工作原理

事件驱动架构由事件发起者和事件使用者组成。事件的发起者会检测或感知事件，并且以消息的形式表示事件，它并不知道事件使用者或事件引起的结果。

在检测到事件后，系统会通过事件通道从事件发起者传输给事件使用者，而事件处理平台会在该通道中以异步方式处理事件。在事件发生时，需要通知事件使用者，他们可能会处理事件，也可能只是受事件的影响。

事件处理平台会对事件做出正确的响应，并且将活动下发给相应的事件使用者。通过这种下发操作，我们可以看到事件的结果。

4．事件驱动架构的模型

事件驱动架构可以基于发布/订阅模型或事件流模型。

1）发布/订阅模型

发布/订阅模型是一种基于事件流订阅的消息传递基础架构。对发布/订阅模型而言，在事件发生或公布后，系统会将相应的消息发送给需要通知的订阅用户。

2）事件流模型

借助事件流模型，事件会被写入日志。事件使用者无须订阅事件流，但可以从流的任意部分读取流并随时加入流。

事件流处理的特点如下。

- 事件流处理可以使用 Apache Kafka 等数据流平台提取事件，并且处理或转换事件流。事件流处理可以检测事件流中有用的模式。
- 简单事件流处理是指事件立即在事件使用者中触发操作的模式。
- 复杂事件流处理需要事件使用者处理一系列事件，用于检测模式。

5．事件驱动架构的优势

事件驱动架构可以为企业提供一个灵活的系统，该系统可以适应变化并实时做出决策。借助实时态势感知功能，开发者可以利用反映系统当前状态的所有可用数据做出业务决策（无论是人工的，还是自动的）。

事件在其事件源（如物联网设备、应用和网络）发生时就会被捕获，因此事件发起者和事件使用者可以实时共享状态和响应信息。

企业可以为自己的系统和应用添加事件驱动架构，用于提高应用的可扩展性和响应能力，并且获取改善业务决策所需的数据。

6.6.2　Go 语言实战

本实战会使用 Go 语言实现一个事件驱动架构。创建一个在创建用户时发送事件，并且在删除用户时发送另一个事件的应用程序，我们希望这个应用程序能够满足以下需求。

- 输入安全。输入不使用 interface{}，不需要进行类型转换。
- 能够为每个事件都定义有效负载。

首先创建一个名为 eda 的项目，然后创建一个名为 auth 的包，用于进行权限管理，最后在项目根目录下创建一个名为 main.go 的入口文件，目录结构如下：

```
eda
├── auth
│   ├── auth.go
│
├── main.go
```

1. 定义事件

为了保证安全，需要在单独的包中创建事件，在根目录下创建一个名为 events 的包，用于定义事件，我们将其称为包事件。更新后的目录结构如下：

```
eda
├── auth
│   ├── auth.go
│
├── events
├── main.go
```

每个事件都有唯一的类型，并且需要为每个事件都定义所需的有效负载。每个处理程序都明确知道它会接收什么数据。

（1）编写创建用户时的事件，代码如下：

```
package events

import (
    "fmt"
    "time"
)

var UserCreated userCreated

//创建事件所需的有效负载
type UserCreatedPayload struct {
    Email string
    Time  time.Time
}
```

```
type userCreated struct {
    handlers []interface{ Handle(UserCreatedPayload) }
}

//为该事件添加事件处理程序
func (u *userCreated) Register(handler interface {
    Handle(UserCreatedPayload)
}) {
    u.handlers = append(u.handlers, handler)
}

//触发器发送带有有效负载的事件
func (u userCreated) Trigger(payload UserCreatedPayload) {
    fmt.Println(u.handlers)
    for _, handler := range u.handlers {
        handler.Handle(payload)
    }

}

func Handle(payload UserCreatedPayload) {
    fmt.Println("handle:", payload)
}
```

（2）编写删除用户时的事件，代码如下：

```
package events

import (
    "time"
)

var UserDeleted userDeleted

//删除事件所需的有效负载
type UserDeletedPayload struct {
    Email string
    Time  time.Time
}

type userDeleted struct {
    handlers []interface{ Handle(UserDeletedPayload) }
}

//为该事件添加事件处理程序
```

```
func (u *userDeleted) Register(handler interface {
    Handle(UserDeletedPayload)
}) {
    u.handlers = append(u.handlers, handler)
}

//触发器发送带有有效负载的事件
func (u userDeleted) Trigger(payload UserDeletedPayload) {
    for _, handler := range u.handlers {
        handler.Handle(payload)
    }
}
```

（3）在添加事件文件后，目录结构如下：

```
eda
├── auth
│   ├── auth.go
│
├── events
│   ├── user_created.go
│   ├── user_deleted.go
│
├── main.go
```

以上架构的一个好处是事件变量类型不会被导出，因此，它们不能被更改或分配给包外的其他东西。

2．监听事件

为了监听一个事件，导入 events 包，然后通过 Register 处理程序关联到一个事件。

（1）创建一个监听器，用于在创建用户时向管理员发送消息，代码如下：

```
package notifier

import (
    "fmt"
    "time"

    "github.com/shirdonl/goDesignPattern/chapter6/eda/events"
)

func init() {
    createNotifier := UserCreatedNotifier{
        AdminEmail: "test1@example.com",
```

```
    }

    events.UserCreated.Register(createNotifier)
}

type UserCreatedNotifier struct{
    AdminEmail string
}

func (u UserCreatedNotifier) NotifyAdmin(email string, time time.Time) {
    //向管理员发送一条消息，说明用户已创建
    fmt.Println("Notify Created Admin Email:", email,time.Unix())
}


func (u UserCreatedNotifier) Handle(payload events.UserCreatedPayload) {
    //发送消息
    u.NotifyAdmin(payload.Email, payload.Time)
}
```

（2）创建另一个监听器，用于在删除用户时向管理员发送消息，代码如下：

```
package notifier

import (
    "fmt"
    "github.com/shirdonl/goDesignPattern/chapter6/eda/events"
    "time"
)

func init() {
    deleteNotifier := UserDeletedNotifier{
        AdminEmail: "jack@example.com",
    }

    events.UserDeleted.Register(deleteNotifier)
}

type UserDeletedNotifier struct{
    AdminEmail string
}

func (u UserDeletedNotifier) NotifyAdmin(email string, time time.Time) {
    //向管理员发送一条消息，说明用户已被删除
    fmt.Println("Notify Deleted Admin Email:", email,time.Unix())
}
```

```go
func (u UserDeletedNotifier) Handle(payload events.UserDeletedPayload) {
    //发送消息
    u.NotifyAdmin(payload.Email, payload.Time)
}
```

（3）在添加监听器文件后，目录结构如下：

```
eda
├── auth
│   ├── auth.go
│
├── events
│   ├── user_created.go
│   ├── user_deleted.go
│
├── notifier
│   ├── create_notifier.go
│   ├── delete_notifier.go
├── main.go
```

3. 触发事件

在监听器设置完成后，可以在 auth 包中（或其他地方）触发这些事件，代码如下：

```go
package auth

import (
    "github.com/shirdonl/goDesignPattern/chapter6/eda/events"
    "github.com/shirdonl/goDesignPattern/chapter6/eda/notifier"
    "time"
)

func CreateUser() {
    //...
    //声明通知对象
    createNotifier := notifier.UserCreatedNotifier{
        AdminEmail: "shirdon@example.com",
    }

    //注册通知对象
    events.UserCreated.Register(createNotifier)
    //触发事件
    events.UserCreated.Trigger(events.UserCreatedPayload{
        Email: "barry@example.com",
        Time:  time.Now(),
    })
```

```
    //...
}

func DeleteUser() {
    //...
    //声明通知对象
    deleteNotifier := notifier.UserDeletedNotifier{
        AdminEmail: "jack@example.com",
    }

    //注册通知对象
    events.UserDeleted.Register(deleteNotifier)
    //触发事件
    events.UserDeleted.Trigger(events.UserDeletedPayload{
        Email: "jack@example.com",
        Time:  time.Now(),
    })
    //触发事件
    events.UserDeleted.Trigger(events.UserDeletedPayload{
        Email: "steve@example.com",
        Time:  time.Now(),
    })
    //...
}
```

4. 编写客户端测试事件

在定义事件、监听事件、触发事件后，事件驱动架构总体设计完毕，下面创建客户端，用于进行测试，代码如下：

```
package main

import (
    "github.com/shirdonl/goDesignPattern/chapter6/eda/auth"
)

func main() {
    //创建用户
    auth.CreateUser()
    //删除用户
    auth.DeleteUser()
}
//$ go run main.go
//[{test1@example.com} {shirdon@example.com}]
//Notify Created Admin Email: barry@example.com 1652773575
//Notify Created Admin Email: barry@example.com 1652773575
```

```
//Notify Deleted Admin Email: jack@example.com 1652773575
//Notify Deleted Admin Email: jack@example.com 1652773575
//Notify Deleted Admin Email: steve@example.com 1652773575
//Notify Deleted Admin Email: steve@example.com 1652773575
```

根据以上代码，我们看到了一种以类型安全的方式定义事件的方法，包括如何监听这些事件、如何触发它们等。读者可以根据自身实际，结合具体的业务逻辑编写相应的事件驱动风格的代码。

本节完整代码见本书资源目录 chapter6/eda。

6.6.3　优缺点分析

1. 事件驱动架构的优点

- 松耦合。服务不需要互相依赖，这应用了不同的因素，如传输协议、可用性（服务在线）和正在发送的数据。事件使用者需要知道如何解释事件或消息，因此在这两个服务之间应使用严格的合同，但是合同的实现细节无关紧要。
- 可扩展性强。由于服务不再耦合，因此服务 1 的吞吐量不再需要满足服务 2 的吞吐量。这可以降低成本，因为服务不再需要全天在线，并且可以无限扩展。
- 支持异步性。由于服务不再依赖于同步返回的结果，因此可以使用即发即弃模型，从而加快流程。
- 可以按时间点恢复。如果事件由队列支持或维护某种历史记录，则可以重播事件，甚至可以及时返回并恢复状态。

2. 事件驱动架构的缺点

- 事件驱动架构会导致过度设计流程：有时从一个服务到另一个服务的简单调用就足够了。如果流程使用事件驱动架构，那么通常需要更多的基础结构支持它，导致成本增加（因为它会需要一个排队系统）。
- 事件驱动架构不支持 ACID 事务，难以测试和调试：由于流程现在依赖于最终一致性，通常不支持 ACID 事务，因此重复处理或乱序事件的处理会使服务代码更加复杂，并且难以测试和调试所有情况。

> **提示：**
>
> ACID 是原子性（Atomicity）、一致性（Consistency）、隔离性（Isolation）、持久性（Durability）的简称。
>
> ACID 是数据库事务的一组属性，主要用于保证数据的有效性，即使出现错误、电源故障和其他事故，也不会影响数据的有效性。

6.7　回顾与启示

本章首先对设计模式与软件架构进行讲解，然后通过实战介绍 MVC 架构、RPC 架构、三层架构、微服务架构、事件驱动架构这 5 种常见的软件架构，让读者更加深入地理解常见的软件架构。总之，如何更好地提升软件的开发和维护效率、节省开发和维护的成本，是软件架构和设计模式的发展方向。